大学と
まちづくり・ものづくり

産学官民連携による地域共創

芝浦工業大学
地域共創センター 編・著

MIKI PRESS
三樹書房

■芝浦工業大学のまちづくり・ものづくり活動■

●大学と地域が共に考える場と関係をつくる
地域で一緒に考える『協議会・研究会』（→P49　第Ⅱ部第3章）

学生クルーズガイド
芝浦工業大学が地域とともに毎年開催する「豊洲水彩まつり」と停泊する船舶を使った「船カフェ」で、運河クルーズを実施し、学生たちが見所をガイド。学生たちは、ガイドの準備として、東京湾岸地域の歴史的な文脈と、刻々と変化する地域の状況を勉強する。

水辺空間の設計提案
学生たちが運河沿い水辺空間の設計提案を行い、豊洲地区運河ルネサンス協議会のメンバーに対して発表し、意見交換を行った。協議会ではこの提案を江東区などに参考案として提示している。

熱中症リスク発見ツアー
地域の協議会と連携し、地域住民関係者と学生たちが一緒に大宮駅周辺のまちを歩き、暑熱環境の計測や熱中症リスクの体感・発見を行う。都市の高温化が深刻化していく中でも「歩いて暮らせる都市づくり」を実現するための検討。

●キャンパス外の拠点で、地域社会と交流しながら活動する
大学と地域が出会う『地域活動拠点』(→P61　第Ⅱ部第4章)

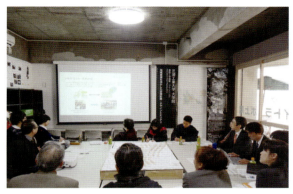

サテライトラボ上尾
団地の空き店舗を活用した大学研究拠点。月一回の運営会議で各関係者の活動実績や活動計画の報告、授業の成果発表、研究の協力依頼と成果発表などを行う。この会議は会則を設け、上尾市や県社会福祉協議会等の基金や助成金制度に応募し、採択されることで原市カフェ、夜カフェ等の新たな実証実験に挑戦している。

月島長屋学校
タワーマンションが林立する一方、下町らしい風景が残る地域の特徴を生かし、築90年の長屋を地域拠点に。学生と地域住民が集い、ともにまちづくりを学び・実践する。2018年6月には、大学院生が企画したForeigner's Eyes Photo Exhibitionが開催された。

ふじのきさん家
古い木造の空き家を防火・耐震化改修して創設した、地域の寄り合い処。1階はカフェ、2階は多目的スペースで、防災講座や高齢者向け講習会、無料建築相談など地域の防災対応力を高めるネットワークづくり、また料理や歌会などの幅広いプログラムが実施されている。

すみだテクノプラザ
地元信用金庫の空きフロアの提供を受けて設置された大学の地域連携拠点。企業、行政、住民との各種会合のほか、まちづくり系の演習授業の場としても活用する。地域住民が大学の活動を直接目にできることで、連携は深まっていく。

●学びを通して都市の魅力と課題を再発見し、まちづくりに生かす
国際交流と地域連携の連動による教育、研究、社会貢献の融合パッケージ（→P79　第Ⅱ部第5章）

海外協定大学との国際ワークショップ

2012~2018年に、韓国、マレーシア、タイの海外協定大学と双方向の国際ワークショップを行ってきた。学生たちは海外の街を実際に歩いて、日本と異なる概念構築や設計思想に刺激を受け、同時に英語力も身につけることができた。写真は東京都港区芝浦地区を題材にした国際ワークショップの様子。

2018年に千葉県柏市で行われた国際ワークショップの公開発表会。作品を柏市のアーバンデザインセンターに展示した。国際交流と地域連携で行ってきた活動成果は地域に公開、情報発信することが重要。

竹製街具の使用実験

さいたま市の浦和美園駅前に設置した、可動式の街路樹のアイデア。同地区のまちづくり組織が提供する「みその都市デザインスタジオ」の2017年度テーマに沿って計画。学生たちも地元工務店とともにこの街具の施工作業に参加し、「協働してつくりあげていく」貴重な体験をした。

●幅広い世代の暮らしに役立つ、先端技術を提供する
地域社会における先端技術（ロボット）の活用（→P95　第Ⅱ部第6章）

ロボットによるクルージングガイド
「豊洲水彩まつり」の運河クルーズで、学生ボランティアとともにロボットによる観光案内を実施。ロボットが作業分担することで学生は参加者へのきめ細かい対応が可能になるなど人とロボットの共存をめざすとともに、移動する船内でロボットが現在地に合わせた案内をするための設計・制御技術の研究も行った。

カメラマンロボットの機能紹介
深川江戸資料館で、自動写真撮影ロボット（カメラマンロボット）の写真撮影サービスを実施。アンケートなどで集まった意見を参考に、完成度を高めていく。サーバーに接続して巡回やセキュリティへの応用も目指す試みである。

看護学校学園祭での展示
子どもたちはかわいいロボットに興味津々。学校内を来場者がどのように移動したかを把握できる、人流計測システムである。

ロボット技術で地域高齢者の移動支援
社会ニーズに応えるため、学内研究室が連携して「ロボット・自動車共進化コンソーシアム」を立ち上げた。技術的な交流によりロボットネットワークと移動ロボット、シニアカーなどを取り込み、施設内外を繋いだ地域全体での高齢者移動支援を目指す。写真は芝浦キャンパスでの共同展示。

● 地域の特徴ある「ものづくり」を学び、展開する
地域企業、地域団体とのネットワーク（→P107　第Ⅱ部第7章）

地域団体とのネットワーク「ものづくり教室」
毎年芝浦キャンパス（田町）近隣の高輪台小学校で、大学生が小学生100名以上に「親しみやすいものづくり授業」を実施。写真は2016年の、タブレットを使った童話創り。芝浦キャンパスでも親子で参加できる「ものづくり教室」を実施している。

子ども向けだけでなく、シニアに向けたセミナーなどの活動も行い、地域団体とのネットワークを拡大している。写真はアクティブシニアを支援する港区の地域団体SACみなと大学の講演。芝浦工業大学戸澤研究室と共同研究実績のある蝋燭の老舗「鳥居ローソク」の鳥居社長による「蜜蝋の歴史」。セミナーでは座学以外に、施設見学なども行う。

地域企業との研究開発ネットワーク
江東区主催の産学連携交流会をきっかけに、地元企業「ヤマトマネキン」との共同研究を開始。マネキン生産用金型のコストダウンを実現した。2017年芝浦工業大学オープンキャンパスでは、マネキン・ディスプレイ実用化研究について、学生が来場者（高校生とご両親）に熱心に説明した。

●立場や文化の違いを超えた、課題発見・解決の秘訣とは？
地域課題の解決はシステム思考（→P123　第Ⅱ部第8章）

デザインレビューや最終発表の様子
こうした場で、学生たちは教員、企業、自治体や外郭団体の方々から鋭いコメントや提案を受ける。笑顔もあれば、きつい一言も。活発な議論を推進していくなかで学生達もタフになり、現場対応力を身に付けていく。

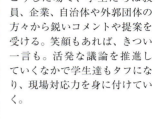

段差乗り越え6輪車いすの開発
段差乗り越え機構を組み付ける車いす（実機）を分解しながら、プロトタイピングのための議論をしている様子。車いす利用者からのヒアリングをヒントに、地域企業とのディスカッションを重ねてのものづくり。学生にとっては「ビジネスになる製品とは何か」を、実践を通して学べる貴重な経験。

農業支援システムの開発
石川県のガラス温室での栽培環境を見学し、農業支援システム開発について話し合う学生たち。授業で学んだ知識と現場の違いに戸惑い、現場の人たちの鋭い指摘をもとに試行錯誤を続けることで、有益な提案を完成させることができる。

行政機関でのヒアリング
日本人と留学生のチームがコミュニティサイクル（レンタサイクル）を使った観光システムプロジェクトの内容をさいたま市役所で発表。役所の意見をいただいて、自分たちのアイディアをより実効性のあるものに高めていく。

●利用者への理解、共感から始まる、解決へのステップ
デザイン思考からの課題解決 (→P139 第Ⅱ部第9章)

災害対策を考える防災展の展示
デザイン思考は、ものごとを解決するためのさまざまな企画、設計行為をデザインと捉え、思考するもの。写真は2017年に行われた、江東区での防災展の展示。学生自身が災害について調査し、その対策や防災のための提案をした。地域の防災意識や、大学と地域の協働意識を高めるプロジェクトだ。

災害対応アイデアの例。避難所で、プライベート空間を確保する間仕切り段ボールを固定でき、かつ心を落ち着かせる照明にもなるアイテムだ。これは港区の公共施設での防災展に展示したもの。学生たちは被災者の視点にたって、さまざまなアイデアを創出した。

エスカレーターに貼るグラフィックの提案
忙しい都会生活で行いがちな歩く、走るなどの危険な行為を防ぎ、エスカレーター事故をなくす工夫。どんなイラストや文字が、もっとも利用者の心に響いて、心静かに立ち止まって乗ってもらうことができるか。産学官連携により、港区の施設で実証実験とアンケートが行えたので、施設を利用する幅広い年齢層の人の協力が得られ、ベストなグラフィックに仕上げることができた。また同時に、地域住民の安全への意識の高まりにもつながった。

はじめに

芝浦工業大学は、2013年の「地（知）の拠点整備事業（大学COC事業）」に採択されました。これを契機に「社会に学び、社会に貢献する技術者の育成」という本学の建学の精神に則った実践教育の拠点形成を進めることができました。

2014年には、私立理工系大学で唯一「スーパーグローバル大学（SGU）創成支援事業」にも採択され、大学COC事業で進めていた実践教育のグローバル展開を加速することができました。

翌2015年にはGlobal Technology Initiative Consortium（GTIコンソーシアム）の発足によって、政府機関・企業・アジアの大学との産学官連携の体制も確立しました。

2014年に採択された「大学教育再生加速プログラム（AP事業）」とも連携しながら、地域からグローバルという幅広い舞台で活躍できる総合的問題解決能力を備えた技術者を育成できる仕組みができつつあると感じています。地域というローカルな取り組みがグローバル活動を強化する、一方で、グローバルな取り組みが地域連携活動を強化する、それを学生が主役となって推進することができるという理想的な体制を本学は確立しつつあると自負しております。

大学COC事業のコンセプトは、本学が創立以来ずっと持ち続けている実践的「ものづくり」教育の伝統継承と、3つのキャンパスを中心として地域との信頼関係の上に積み上げてきた「まちづくり」の共創ならびにボトムアップによる人材育成です。

学生・教員・大学職員・企業・市民・自治体による協働が、大学と地域にとどまらない、世界に、新たなイノベーションを創出するものと信じております。

そのメソッド（方法）、プロジェクト（行動）を本書で具体的に紹介させていただくことは、本学の創立100周年に向けた更なるチャレンジへとつながるものと期待しております。

芝浦工業大学 学長　村上　雅人

本書のねらい

　本書は、大学が地域さらには海外と交わることで、教育、研究、社会貢献の量質がいかに高まるか、芝浦工業大学（東京都江東区・港区、埼玉県さいたま市）の実践を通して明らかにするものである。

　今日の大学において地域連携と国際交流は必須となり、従来の教育、研究、社会貢献といかに効果的に結びつけるか、各地の大学が模索している。それを後押しするのが、本書で取り上げる文部科学省「地（知）の拠点整備事業（大学COC事業）」である。中でも理工系大学には、環境問題や高齢化など益々複雑化する現代の社会問題に対し、技術的解決策が求められており、まちづくり分野とものづくり分野のタッグで取り組もうというのが、芝浦工業大学の大学COC事業『「まちづくり」「ものづくり」を通じた人材育成推進事業』である。

　本書は全10章の３部からなる。第Ⅰ部「メソッド」は本書の背景と要点を述べる導入である。第1章「大学と地域」では、大学COC事業の背景にある、大学と地域の関わり方の系譜を、まちづくりとものづくりそれぞれの面から概観する。第２章『「まちづくり」「ものづくり」を通した人材育成』では、芝浦工業大学が行った大学COC事業の要点を整理し、大学と地域が連携するメソッド（手法）を導く。

　第Ⅱ部「プロジェクト」第３章から第９章では、大学COC事業の

中で実施したプロジェクトをそれぞれの担当教員が解説する。ひとつのプロジェクトを丸ごと取り上げる章もあれば、テーマが共通する複数のプロジェクトを含む章もある。各章が完結しており、最初から通読しても、章を選んで熟読しても構わない。第Ⅰ部第2章で導くメソッドのどれが対応するか、各章の冒頭にアイコン形式で示す。

　第Ⅲ部「データ」では、芝浦工業大学の大学COC事業、全23プロジェクトを共通の書式で記録し、プロジェクトの内容を個々に詳しく知ることができる。冒頭の第10章「プロジェクトの総覧」では、学内で大学COC事業を司ったコーディネーターが、全プロジェクトを俯瞰的に分析する。都心と郊外さらには地方での成果、企業や自治体の協力、教員と事務職員の協働、授業との連係や国際プログラムへの展開など、際立った特徴が見られる。

　情報化とグローバル化が急進する一方で、大学には、変革を起こすリーダーシップと、地に足がついた教育、研究、社会貢献の両方が求められており、その媒介となるのが地域連携と国際交流である。学内外の組織的な取り組みに、個々の工夫と熱意が加われば、大きな成果につながることを、本書から読み取っていただけたら、著者一同望外の喜びである。

目　　次

カラー口絵：芝浦工業大学のまちづくり・ものづくり活動／2
はじめに／9
本書のねらい／10

第Ⅰ部　メソッド　……………………………………………………… 15

第1章　大学と地域　……………………………………………… 17

1.1　大学と地域の関わり／17
1.2　まちづくりにおける大学と地域の連携／19
1.3　ものづくりにおける大学と地域の連携／23
1.4　地域の構成員としての大学／28

第2章　「まちづくり」「ものづくり」を通した人材育成　……… 33

2.1　芝浦工業大学における大学COC事業の位置づけ／33
2.2　大学COC事業計画の考え方／35
2.3　地域連携の進め方／36
2.4　5ヵ年計画と推進体制／38
2.5　5ヵ年の成果／40
2.6　実学教育を具現化する芝浦メソッド／43
2.7　COC教育の今後／44

第Ⅱ部　プロジェクト　………………………………………………… 45

各章扉のマークは「芝浦メソッド」／47
芝浦工業大学独自の取り組み「学生プロジェクト」について／48

第3章　地域で一緒に考える『協議会・研究会』……………… 49

3.1　地域と共に考える場・関係をつくる／49
3.2　豊洲地区運河ルネサンス協議会／51
3.3　大宮駅東口協議会／55
3.4　地域で考える中での大学の立ち位置／59

第4章　大学と地域が出会う『地域活動拠点』……………… 61

4.1　キャンパス外の地域活動拠点／61

4.2　月島長屋学校／61

4.3　サテライトラボ上尾／66

4.4　ふじのきさん家とすみだテクノプラザ／70

4.5　学外の地域活動拠点の意義と可能性／77

第5章　国際交流と地域連携の連動による教育、研究、社会貢献の
　　　　融合パッケージ　……………………………………………………　79

5.1　芝浦アーバンデザイン・スクール／79

5.2　地域に実在する建築物の保全再生計画演習／81

5.3　地域の課題に応じるフィールドワーク／84

5.4　海外協定大学との国際ワークショップ／87

5.5　公開講座／90

5.6　情報発信／91

5.7　まとめ：大学における連動と融合の要点／93

第6章　地域社会における先端技術（ロボット）の活用……………………　95

6.1　使われる地域で、使えるモノを考える／95

6.2　超高齢社会と先端技術／97

6.3　地域活性化とコミュニティサービス／99

6.4　ロボット技術の社会への展開ビジョン／104

6.5　まちづくり＋ものづくり＝新たなサービス／105

第7章　地域企業、地域団体とのネットワーク………………………………　107

7.1　首都圏のものづくりの特徴を捉えて／107

7.2　首都圏製造関連中小企業との研究開発ネットワーク／109

7.3　首都圏第3次産業との研究開発ネットワーク／113

7.4　アントレプレナーとの産学連携ネットワーク／117

7.5　まとめ：地域団体へのネットワーク拡大／121

第8章　地域課題の解決はシステム思考………………………………………　123

8.1　課題解決の「秘訣」を考える／123

8.2　共通言語としてのシステム思考／124

8.3 課題解決のためのシステムズアプローチ／124

8.4 大学と地域をつなぐ技術イノベーション創出プロジェクト／127

8.5 地域をつなぐ地域間連携型農業支援プロジェクト／130

8.6 グローバルとローカルをつなぐインバウンドビジネスプロジェクト／134

8.7 まとめ：地域課題解決プロジェクトの3つのポイント／138

第9章　デザイン思考からの課題解決……………………………………… 139

9.1 デザイン思考の持つ提案力を地域の問題解決にむける／139

9.2 地域発コミュニティーラボとの孫育てグッズ哺乳瓶の共同開発／140

9.3 都心の災害対策を考えるワークショップの実施／143

9.4 公共移動設備の安全安心を考えたグラフィックスの研究／145

9.5 芝浦工業大学お土産プロジェクト／148

9.6 地域連携活動は、全ての関係者にメリットがある／150

第Ⅲ部　データ…………………………………………………… **153**

第10章　COCプロジェクトの総覧　………………………………… **155**

10.1 COCプロジェクトとは／155

10.2 COCプロジェクトの概観／158

10.3 COCプロジェクトの意義とこれから／163

芝浦工業大学COCプロジェクト一覧　167

COCプロジェクトマップ　168

プロジェクト01~23概要　170

参考データ集　216

（1）COCイベント／216　　（2）地域の声／219

（3）アンケートに見る学生の成長／222　　（4）地域との連携体制強化／224

（5）「地（知）の拠点大学による地方創生推進事業（COC＋）／225

参考文献・引用文献一覧／226

おわりに／228

執筆者・プロジェクト代表者紹介／230

第I部

メソッド

第1章
大学と地域

　本書が眼目とする文部科学省「地（知）の拠点整備事業（大学COC事業）」の主旨は、英語表記のCenter of Communityが示すように、本分である教育、研究、社会貢献を通して、大学が地域にはたらきかけることにある。

　欧州の大学が都市に起源をもったのに対し、日本の大学は明治維新の一環として開学、国家の保護管理下に長らく置かれた。しかし戦前から地域と強いつながりのあった旧制高校や師範学校が、戦後の学制改革によって私立大学とともに新制大学に再編されると、大学が地域に関わる基盤が整い、今日に至っている。

　本章は本書の導入として、日本の大学が地域にどう関わってきたか概観する。

1.1　大学と地域の関わり

■大学による地域貢献の始まり

　大学と地域の関わりを、地域の物的空間やコミュニティを直接的な研究対象とするまちづくり分野から振り返ってみる。

　戦後1950～1960年代の日本は、明治開国から戦前までの富国強兵に似て、高度経済成長を産官学一体で猛進した。爆発的な都市化を迎え、公共建築や超高層ビルの設計から、自治体の都市計画やニュータウン建設まで、大学が理論も実践も先導していた。

　1968年を頂点とする世界的な学生紛争は、大学の自主独立を訴え、これを契機に産官学の役割分化が促された。若手研究者や学生は環境破壊や公害問題に敏感に反応、大学は都市開発や市街地整備など大規模プロジェクトから遠のき、歴史的町並みの保存や密集市街地の改善など、地元密着のまちづくり活動に傾倒、地域との関

係を強めた。

　アメリカにおける大学の地域志向はもう少し早く、1960年代公民権運動とインナーシティ問題に端を発する。前者は人種差別によって疲弊地区を生み、後者は更新型再開発によって従来のコミュニティを崩壊させた。『アメリカ大都市の死と生』の著者ジェイン・ジェイコブズが本来の都市の姿と主張した、多様な人々とその活動や要素が混在する界隈を取り戻すために、1960年前後に大学人や専門家が地域の支援に出向いた。その足場として各地にコミュニティ・デザインセンターが設けられ、さらに1994年連邦住宅都市省コミュニティ・アウトリーチ・パートナーシップ・センター・プログラムによって、大学が専門機関を設けて地域支援と実践教育を兼備する地域貢献学習（サービス・ラーニング）が制度化された。

■国立大学の法人化から大学と地域の相益へ

　日本では、2004年の国立大学法人化を機に、各大学で特徴強化の一環として、地域との関係を再構築する動きが盛んになった。地域の側も経済疲弊や超高齢社会など1990年代から顕在化した問題への対処に迫られ、企業もグローバル化の下で地球温暖化や高度情報化への新機軸を模索していた。こうして地域社会と産業界は大学に新しい発想を求め、いっぽう大学にとって、課題を抱える地域や企業は実践的研究の題材かつパートナーとなった。本書が取り上げる文部科学省「地（知）の拠点整備事業（大学COC事業）」が始まったのは2013年、国立大学法人化から10年を経過し、大学と地域の連携が制度として認められたと解釈できる。

　大学と地域の関わりは拡大してきている。まちづくり分野では、大学が地域を題材に地域の協力を仰いで教育研究を行い、成果を地域に還元する双方向のはたらきかけから始まる（図1.1.1）。さらに踏み込むと、利害を異にする主体間を、大学が中立的立場から仲介できることがわかる。まちづくり協議会や市民ワークショップで大学の教員や学生が進行役を任ずるのはそのためである（図1.1.2）。

　ものづくり分野も地域を通して大学の関わりが広がる。大学のまちづくり分野が町並み保存やコミュニティ再生で奏功した地域密着の活動が、ものづくり分野でも起きている。製造業の空洞化が進む中、大学は最先端の技術開発はもとより、各地の伝統工芸や中小企業が磨いてきた技能の保全、伝承、再生に携わるようになり、その関係づくりに地域が大きな役割を果たしている。自治体が大学に地元の中小企業を紹介する、大学が地域向けに行う公開行事に中小企業が参加して共同研究が始まるなど、地域が大学と企業を仲介する動きは益々活発になっている（図1.1.3）。

18　第Ⅰ部　メソッド

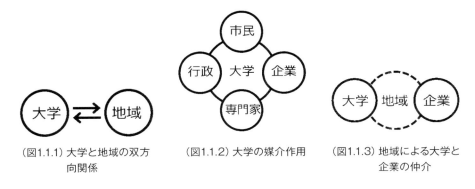

図1.1　大学と地域の関係図

　以下本章では、まちづくり、ものづくり、それぞれにおける大学と地域の連携を解説し、最後に最近の事例を通して、大学が地域の一員となる方法を展望する。

1.2　まちづくりにおける大学と地域の連携

　まちづくりの分野における大学と地域との連携は、大学の地域貢献の高まりから始まり、様々な取り組みへと広がっている。

■大学の地域貢献とまちづくり

　大学の使命は、従来からの「研究」と「教育」という2つの柱に「地域貢献」が加わり、これら3つが柱となっている（図1.2）。大学は「象牙の塔」と呼ばれるような権威的な存在ではなく、その有する資源を地域に対しても役立てるということで始まった地域貢献は、それ自体の必然性に加えて、研究と教育との間に密接な相互関係があることで、重要性が高まっている。

　大学が有する資源は、キャンパスや施設といった「空間」、学生や教職員といった「人」、高等教育機関と研究機関として蓄積している「知」、の3つからなり、これらの資源にもとづいて地域貢献は取り組まれる。「空間」資源では、キャンパス内の広いオープンスペースや、図書館といった施設の地域開放であり、「人」資源では、教員が学識経験者として公的機関に所属することや、学生のマンパワーといったことであり、「知」資源では、市民向け講座の開講や、研究成果にもとづく技術・ノウハウの提供といったことである。

第1章　大学と地域　19

まちづくりの分野では、これらの資源を動員することで幅広い地域貢献活動が行われており、その内容はハードとソフトの2つに大きく分けられる。ハードとは、大学がキャンパス外に当たる周辺地域に大学関連施設を整備することや地域計画の立案に乗り出すことである。ソフトとは、地域の課題の解決に乗り出すことや魅力づくり、地域活動支援といったことである。実際の活動は大学キャンパスや研究室という拠点があるため、多岐にわたる継続的な活動が多く、ハードとソフトの複合的な取り組みが多い。そしてこれらの取り組みは、単なる地域貢献ではなく、重要な教育方法であり研究方法でもある。

■地域貢献学習（サービス・ラーニング）

　米国では1980年代から、教育効果を高めるための学生の地域参加の必要性が指摘され始めたことで、地域貢献学習が急速に広がり始めた。元々は、ボランティア活動といった社会奉仕活動の延長であったことからサービス・ラーニングと呼ばれるが、地域参加を通じて、学生は教室や研究室で学んだことを実際に地域で実践することで主体的に考え、また試行錯誤することになり、さらに実践の結果を体験することになる。背景には、受験勉強や学歴重視がもたらした丸暗記中心の学習への批判があり、地域参加が思考能力と知識の応用力を向上させるという教育効果を高めることになった。

　近年、日本において広まりつつあるPBL（プロジェクト・ベースト・ラーニング、またはプロブレム・ベースト・ラーニング※：第2章P35の註参照）は、自ら能動的に考えるための学習方法であり、サービス・ラーニングの延長上にあると言ってよい。

※英語表記はProject-Based Learning、またはProblem-Based Learning

■アクション・リサーチ

　アクション・リサーチは、地域参加を通じて研究成果を挙げようとする研究方法で、地域の取り組みに介入し、計画を立案して実行し、その成果を評価する、さらに評価結果から改善を検討し、再び計画を検討するというプロセスをとる。研究者が地域活動に主体的に参画し、長期にわたって市民と共に調査し、行動的に検討し、計画づくりや設計を行い、またその結果から最適な計画や設計を実施することは、まちづくり研究の方法として定着している。

　また、「社会実験」と呼ばれるものも、アクション・リサーチの一つである。例

えば、期間を定めてのオープンカフェ実験や歩行者天国実験などであり、関係機関と調整しながら現地で試験的に実施し、その結果から効果と課題を把握して、将来的には本格実施へとつなげるというプロセスをとる。

■地域との連携の形式（図1.2）

まちづくりにおける地域との連携では、地域貢献が基盤となっており、また教育と研究とが一体として取り組まれていることが特徴だ。1980年代から連携は増加していくと共に、様々な連携の形式へと広がっている。

まず、最も多いものがゼミナールからの地域連携であろう。教員が学識経験者として自治体のまちづくり機関に参画し、そこで生じたテーマにもとづき学生がゼミナールの一環として参加。教員の考え方によるが、ゼミナールごとの連携となるため、一般的には1年間といった比較的短期間の連携となる。

次に、学生の卒業研究や大学院修士研究からの地域連携である。まちづくりの研究では、学生が地域に積極的に乗り出して、丹念な実地調査や実践活動を行うことになり、他の学生も巻き込んで、また指導教員も何らかの形でその地域と関わることが多い。しかし学生の研究にもとづくので、1年間といった比較的短期間の連携となりがちである。

3つ目は、研究室が自治体などから共同研究を受託することからの地域連携である。教員と大学院生などが当該地域に乗り込むことになり成果も大きくなる。しかし単年度での契約が一般的なので、1年間といった短期間の連携に留まる可能性が高い。

4つ目は、大学が誘発する学生活動からの連携である。大学が学生団体へ活動資金の支給といった支援を行い、まちづくりのプロジェクトが進んでいく。支援期間が1年間となるケースが多いので、比較的短期間の連携となる。

■地域との連携の体制づくり

まちづくりは長期にわたる取り組みなので、大学と地域との連携も長期間継続することが期待される。そこで大学は、連携のための活動拠点の設置や体制を組織することになる。

まず、大学キャンパスとその周辺におけるまちづくりでは、キャンパスや研究室が拠点となり、また委員会や協議会といった体制も組織され、多くの教職員と学生、および地域組織が参画し、長期的で様々な分野に及ぶ取り組みとなる。米国の

ペンシルバニア大学とウエスト・フィラデルフィアの連携では、ウエスト・フィラデルフィア協会の設立などによって、大学街地区のまちづくりで成果を挙げている。日本でも、早稲田大学の大学街形成の取り組み、千葉大学の地域環境の向上を図る取り組みなどがある。

　次に、大学内にまちづくりセンターといった研究組織を立ち上げ、様々な地域と連携する取り組みである。自治体などとの共同研究の受託や研究費を獲得しての活動であるが、研究組織が存在することで長期的な連携となる。米国では多くの大学がまちづくりセンターを設立しており、例えばイリノイ大学アーバナ・シャンパーン校のイーストセントルイス・アクション・リサーチ・プロジェクトやミネソタ大学のメトロポリタン・デザインセンターは、1980年代から継続して活動している。日本でも、早稲田大学都市地域研究所などがある。

　3つ目は、キャンパス外の地域に拠点を設け連携する取り組みである。自治体などとの共同研究の受託や研究費を獲得しての活動であるが、研究拠点が存在することで長期的な連携となる。米国のケント州立大学のアーバンデザインセンターはクリーブランド市の中心部に拠点を構えており、またカンサス州立大学のカンサスシティ・デザインセンターはカンサス市の中心部に拠点を構え、それぞれ中心市街地の再生に取り組んでいる。日本でも、例えば山口大学の宇部まちなか研究室や、佐賀大学の地域連携推進室、福井大学の地域交流拠点たわら屋、熊本大学のまちなか工房など、特に地方都市の中心市街地再生で多くの取り組みがある。

　4つ目は、大学が地域の一員として、まちづくり協議会といった組織に積極的に参画する取り組みである。豊洲地区運河ルネサンス協議会において芝浦工業大学が事務局を務める取り組みなどで、比較的小規模大学と地域との連携で多い体制と言える。

　他にも、地域の人材育成となる市民講座やコミュニティ・スクールの講座、また大学と自治体との包括協定の締結、複数の大学が自治体と連携する大学コンソーシアムの設立といった取り組みもある。キャンパス外の地域に拠点を設置するケースの発展型として、アーバンデザインセンター※の設立といった取り組みも増えている。これらについては、本章1.4で説明する。

※アーバンデザイン：都市計画、まちづくりの国際用語。

■芝浦工業大学の地域連携の方法
　理工系大学という比較的小規模な本学では、まず大学がまちづくり協議会の一員

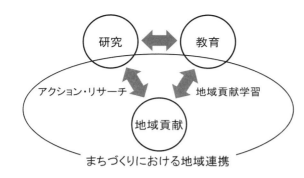

図1.2　教育・研究・社会貢献関係図

として積極的に地域の課題解決や魅力づくりに取り組む方法をとっている。これについては、第Ⅱ部第3章で具体的に示す。次に研究室が地域の中に研究拠点を開設する方法である。これについては、第Ⅱ部第4章で示す。さらにスーパー・グローバル大学に指定されている本学では、国際交流を含めた地域連携に特徴がある。これについては、第Ⅱ部第5章で示す。他にも、「まちづくり」と「ものづくり」が連携した取り組みがあり、第Ⅱ部第6章～第9章で示す。

1.3　ものづくりにおける大学と地域の連携

　ものづくり分野における大学と地域の連携は、まちづくりの分野と同様に、大学の地域、特に地元企業との結びつきの高まりから、様々な取り組みに拡がっている。

■大学の地域貢献とものづくり

　大学には「ものづくり」に関わる様々な「工学」が存在している。機械工学、材料工学、電気工学、電子工学、応用化学、情報工学など歴史と伝統のある工学に加え、最近では医療工学、福祉工学、デザイン工学など社会の諸相を反映した工学領域も拡充しつつある。

　そして、大学教員は日々学生へのものづくり教育、ならびに学生、大学院生と共にものづくり専門分野の研究を行っている。

　一方、地域のものづくり企業は、日常業務と毎日の生産に追われるとともに、ものづくりをリードする人材ならびに近代的な設備の不足などから、企業が抱える多

様な課題について未解決のまま放置されているケースが少なくない。また企業、特に中小企業の立場から見ると、大学に自社が抱えるものづくり課題について技術相談することは、敷居が高く、地域企業と大学との間に見えざる壁があることは否めない。

この壁を無くすには、大学教員が自ら地域企業に働きかけることが大切である。一般に大学教員は学会での発表が主ではあるが、最近は研究費の獲得などの観点から、企業にとって魅力的な研究を直接PRすることも盛んである。更に、国、地方の行政機関も、大学と企業との連携強化、いわゆる産学連携に大変熱心であり、様々な公的助成金制度も存在する。

大学としても、ものづくりに関わる工学は実学であり、地域企業のものづくり課題を解決していくことが責務である。産学連携を通じて企業と一緒になってものづくりの課題を抽出し、大学が保有する工学的アプローチを駆使して、理論と実践の両輪で課題解決して行くことが理想である。

また、エンジニアとして社会で活躍が期待される工学を学ぶ学生にとっても、ものづくりに関する地域企業が抱える実践的研究課題を取り上げ、調査、実験、解析などを通じて論文としてまとめて行くことは、学生が成長する絶好の機会として大変有意義である。

さらに、地域に暮らす老若男女の皆様に「ものづくり」の醍醐味、おもしろさを伝えることも、大学の地域貢献として大事な観点である。生涯学習としての意義に加え、日本の将来を担う子どもたちが1人でも多く、ものづくりに興味を持ち、将来エンジニアとして、あるいは高度な技能を有する人材として成長していくことはサステナブル（持続可能）な地域社会の実現に向けて必要不可欠の取り組みである。

■大学から企業へのものづくり研究PR

大学でのものづくり研究は、各教員が所属する学会での講演や論文で発表する以外に、最近では様々な機会を見つけてものづくり研究をPRしている。

たとえば、年に1回開催される、科学技術振興機構（JST）主催の「イノベーションジャパン」（2018年で15回目）には、毎年全国の大学が最新の研究成果を企業向けにPRしている。また、同じくJST主催で毎月数回開催される「新技術説明会」では、大学別に特徴ある研究発表が行われている。さらに東京、大阪、名古屋など各都市で開催される工業、医療、農業などに関する展示会においても、地域の大学がブースを構え、大学自慢の研究を紹介している事例も多々ある。

■企業と大学とのマッチングによる「ものづくり実用化開発」

　大学では学生の人材育成ならびに企業からの研究費獲得などを目的に、企業のものづくり実用化開発をサポートする、いわゆる産学連携活動が盛んである。そして、企業の実用化開発ニーズと大学の研究室が保有するシーズ技術（最新の知見や技術）をマッチングする「産学連携コーディネーター」の役割が重要である。従来、産学連携コーディネーターは大学に所属していたが、最近では行政が設立した法人組織や信用金庫などの金融機関も産学連携コーディネーターを配置し、企業ニーズと大学研究室シーズとのマッチングにむけて積極的に活動している。

　たとえば、産学官金連携による「江戸っ子1号」の開発がある。「江戸っ子1号プロジェクト」は、東京下町の中小企業が中心となり、信用金庫、大学、研究機関などと連携し、水深8000mの深海探査機を開発するプロジェクトで、2013年11月、水深8000m海域で世界初となる3Dハイビジョンビデオによる深海魚の撮影等に成功した。そして「産学官金連携による『江戸っ子1号』の開発」が、2014年9月第12回産学官連携功労者表彰で最高賞である内閣総理大臣賞を受賞した。大学は芝浦工業大学、東京海洋大学が協力したが、特に芝浦工業大学は機械、電気、通信、生命、デザインなどを専門とする研究室が参画し、実用化の牽引力となった。

■地域に根ざした「ものづくり人材」の育成

　ものづくり日本の将来を担う人材育成は極めて重要である。理工系人材育成に熱心な大学では、近隣のお子さん向けに、子どもの頃からものづくりに魅力を感じる

図1.3（左）　江戸っ子1号が3D撮影した深度7800m付近の魚類。シンカイクサウオの一種と思われる。この映像はNHKテレビのニュースのトップで紹介された
図1.4（右）　開発中の江戸っ子1号、江ノ島沖で実験。中小企業、大学、信用金庫、江ノ島水族館などの合同メンバーで地元の漁船を使って基本機能の検証を行った

第1章　大学と地域　25

図1.5 中小企業の推進担当、大学の学生・教員、公的機関の専門家、信用金庫の産学連携コーディネーターが江戸っ子1号を開発。見事大成功！

図1.6 （上下とも）江戸っ子1号深海8,000m投入前の最終調整のようす。江戸っ子1号プロジェクトでは、学生、教員、地域企業の方々が協力して、機体の組立作業、水中実験、最終調整などを実施した

工学プログラムの開発と活発なものづくり教室の開催を行っている。なかには、大学が立地する近隣地域だけでなく、全国規模でものづくり教室を開催している事例もある。

　たとえば、「ロボットセミナー」は子どもたちの想像力と工学への興味関心を育む目的で、芝浦工業大学が長年取り組んできたプログラムである。毎年全国各地で開催し、その受講生数は25,000人を突破した。セミナーではまず、教員によるロ

図1.7（左）　デザインコンテストでは、それぞれ装飾をしたロボットを展示し、参加者および見学者による投票を実施し、上位3名が表彰される
図1.8（右）　2018年の競技会では120名の選手が、ビートル（障害物競走）、ボクサー（相撲競技）、スパイダー（ピンポン玉運搬競技）の3機種のいずれかにエントリー。それぞれの競技で技を競った

図1.9　芝浦工業大学では2018年2月小中学生向け「少年少女ロボットセミナー」をマレーシア・クアラルンプール日本人会日本人学校で開催

第1章　大学と地域　27

ボットの歴史などの講演を聴く。それから、指導員による技術指導を受けながら、子どもたちの手で約300部品からなるオリジナルロボットを製作する。そしてデザインコンテストと競技会を行い、自分のロボットのデザインを生かした技を発揮しあう。工学やものづくりの基礎を学べるだけでなく、競技会に勝つための創意工夫の力を伸ばすことができる。2000年から継続しているこの活動は、2013年8月に日本工学教育賞を受賞した。

1.4　地域の構成員としての大学

大学が地域社会を構成する一員として、自治体や企業、市民団体とともに何をどのようにできるか、実例を交えて論ずる（図1.10）。

■**大学と自治体の包括協定**

大学が地域の構成員になる手続きのひとつに、キャンパスやセミナーハウスなど大学の施設がある自治体と結ぶ包括協定がある。包括協定は単年度の個別契約と異なり、中期また無期で結ばれ、柔軟かつ幅広い協力関係が持続的に可能となる（図1.11、1.12）。

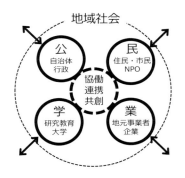

図1.10　地域の構成員としての大学

芝浦工業大学は豊洲、芝浦、大宮の3つの地域にキャンパスがあることから、それぞれの地元である東京都江東区および港区、埼玉県、さいたま市とそれぞれ包括協定を結び、本書で取り上げる事例の他、自治体による大学と地元企業の仲介、学識委員の委嘱に関する自治体から大学への照会、双方の行事への交互参加など、連携協力が日常的に続いている。

包括協定は自治体と大学の臨機応変な交流を可能とする一方で、多目的な中期的関係に由来する惰性に陥る危険もある。官学相互に節度を保つのはもちろん、大学COC事業のような地域外発の競争的モデル事業や、地域内であっても、都市再生事業や共同研究開発のような大規模な政策で、大学と自治体が緊張感をもって協働する機会が折々にあるといい。

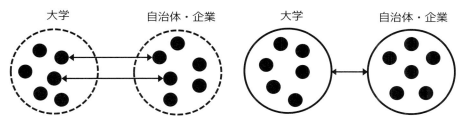

図1.11（左）　大学と自治体・企業の個別協力
図1.12（右）　大学と自治体・企業の包括協定

■大学コンソーシアム

　複数の大学の連合体を大学コンソーシアムといい、大学が地域の一員となる集団的方法といえる。公益財団法人大学コンソーシアム京都によると、全国大学コンソーシアム協議会（2004年設立）には2017年7月現在48の大学コンソーシアムが登録している。

　都道府県や市町村など一定の地域にキャンパスを構える大学群が参加すると、当該地域の行政機関、企業、市民団体が加盟する場合がある。大学が集積する東京都八王子市の「大学コンソーシアム八王子」には、市内にキャンパスを構える25校とともに、八王子市と八王子商工会議所を含む地元の市民団体、経済団体、行政機関が名を連ねる。芝浦工業大学は大宮キャンパスのあるさいたま市で「大学コンソーシアムさいたま」に他11大学とともに連合している。このコンソーシアムは2011年10月にさいたま市と連携に関する包括協定を結んだ。大学COC事業はその一環として円滑に進んだ部分が多い。

　大学コンソーシアムが都市や地域のまちづくりを推進した事例もある。神奈川県横浜市では2009年、幹事役の横浜市立大学を含む市内4大学と、同市に関係のある市外1大学が「大学まちづくりコンソーシアム横浜」を組織し、横浜港及び周辺の将来像を検討、横浜市が設置した「横浜市インナーハーバー検討委員会」に成果を提供した。2015年2月には同委員会の提言を受ける形で横浜市が「横浜市都心臨海部再生マスタープラン」を策定した。

　大学の地域への関わりは教授や研究室の個別単位が大多数である。学内に地域連携部署を整備するとともに、「大学まちづくりコンソーシアム横浜」のように地域を象徴する大学が幹事になり、複数の大学が目的を共有して連動する学外ネットワークも有効である（図1.13、1.14）。

第1章　大学と地域　29

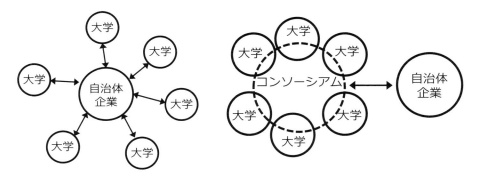

図1.13（左）　　大学と自治体・企業の個別関係
図1.14（右）　　大学コンソーシアムと自治体・企業

■アーバンデザインセンター

　大学が地域の一員として他団体と組織を構成する事例として、アーバンデザインセンターがこの10年各地に普及した。主眼はまちづくりであるが、ものづくりや他分野にも応用可能である。アーバンデザインセンターが他のまちづくり組織と異なる特徴は、公共、民間、学識の各団体が主従対面関係でなく、対等な立場で構成する公民学連携体制にある。構造物を安定させるトラス構造を想像してほしい。公として当該地域の自治体、民として市民団体と企業、学として当該地域にキャンパスまたは関係のある大学が参加する。2018年7月時点で全国18カ所に存在し、芝浦工業大学からも複数の教員と研究室が関わる。11カ所が首都圏、他7カ所は東北、北陸、近畿、四国、九州に広がる。対象は都市開発事業や大学キャンパス整備が5カ所、既成市街地が7カ所、住宅団地が3カ所、研究や市民活動が3カ所である。

　日本で最初にアーバンデザインセンターを正式名称に掲げたのは柏の葉アーバンデザインセンターである。東京都の秋葉原駅と茨城県のつくば駅間に2005年開通したつくばエクスプレスが通る千葉県柏市北部、柏の葉地域に2006年10月千葉県と柏市、柏商工会議所、地元町会連合、ここにキャンパスのある千葉大学と東京大学、住宅事業及び商業開発を進める三井不動産、つくばエクスプレスを運行する首都圏新鉄道が設立に参加した。東京都心と直結する高速鉄道、付随する区画整理、国立大学2校の存在を背景に都市開発の推進と管理、地域と大学の連携、市民活動の支援など多方面に活動を広げ、2018年10月現在12年となる。2008年に千葉県、柏市、千葉大学、東京大学の共同名義で地域の将来構想「柏の葉国際キャンパスタウン

図1.15（左）　柏の葉アーバンデザインセンター（UDCK）の構成
図1.16（右）　初代柏の葉アーバンデザインセンター

構想」を策定し、これにもとづいて大学と地域が社会的にも空間的にも融合する「キャンパスタウン」のまちづくりを着々と実践している（図1.15、1.16）。

■ **大学が地域の構成員となるための資源と仕組み**

　アーバンデザインセンターは大学を地域の資源と捉えている。地域が大学に求める第一は教育研究力である。多くのアーバンデザインセンターが大学の単独または共同のまちづくり演習授業を誘致し、大学もその機会を利用している。演習では地域が抱える課題を取り上げ、市民や企業・自治体職員との意見交換、発表会と展覧会の公開、地域を巻き込む社会実験が行われる。大学教授が出講する市民講座もあり、老若男女が受講、座学の他にワークショップやフィールドワークを行い、初期の受講者が講座運営に参加する好循環もある。学生や職員をインターンシップや研究員に受け入れるアーバンデザインセンターもある。

　アーバンデザインセンターの組織形態は大学が地域の構成員となる仕組みとして示唆に富む。柏の葉アーバンデザインセンターは持ち寄り型組織である。公民学7つの構成団体が協定を結んで法人格のない任意団体として始まり、各団体が経費と人員込みで調査や事業を持ち寄り、専用施設使用料と人件費を分担した。設立6年目に一般社団法人を付設した後も、業務委託という形で持ち寄り型は続いている。持ち寄り型まちづくり組織は、新都市建設や市街地再開発など面的事業が進行中で、構成団体の目的が同じ方向にあり、スピードが求められる地域に適する（図1.17）。

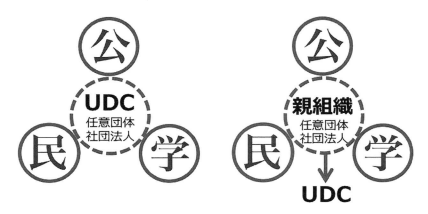

図1.17（左）　持ち寄り型アーバンデザインセンター（UDC）
図1.18（右）　所属型アーバンデザインセンター

　松山アーバンデザインセンターのように所属型組織の例もある。愛媛県松山市では2014年4月から中心市街地の再編に取り組んでいる。公として松山市、民として伊予鉄道、松山商工会議所、地元まちづくり会社、学として愛媛大学他が「松山市都市再生協議会」を設立、それに所属する形でアーバンデザインセンターが設置された。協議会が愛媛大学に寄付講座を開き、寄付講座の特任教員がアーバンデザインセンターの実務にあたる。所属型まちづくり組織は地方都市や既成市街地のエリアマネジメントの枠の中でじっくり取り組む場合に有効である（図1.18）。

第2章
「まちづくり」「ものづくり」を通した人材育成

　芝浦工業大学で実施した「地（知）の拠点整備事業」（大学COC事業）である『「まちづくり」「ものづくり」を通した人材育成推進事業』の全体計画の枠組み・実施状況・活動成果などを述べる。本学は単科大学で首都圏に3キャンパスを有し、「社会に学び社会に貢献する」という建学の精神に基づいた実学教育を実施している。大学COC事業計画ではこれらの本学の特徴を活かし、3キャンパスの地域に密着し、各教員が各種の地域課題解決のプロジェクトを提案し、自由に教育・研究・社会貢献の活動を行えるボトムアップ方式を基本とした。それぞれの活動の詳細は第3章以降に述べられている。また、詳細なデータは第10章で紹介している。本章で全体像をつかみ、各章で具体的な活動内容を確認していただきたい。

　さらに、本学は大学COC事業の他にも文科省の「スーパーグローバル大学創生支援」（SGU）、「大学教育再生加速プログラム」（AP）にも採択されており、これらの大型支援プログラムとも連携して相乗効果を挙げる体制の構築ができている。

2.1　芝浦工業大学における大学COC事業の位置づけ

　2013年度初めに、文部科学省から「地（知）の拠点整備事業」（大学COC事業）の公募があり、芝浦工業大学では応募することとなった。この公募は極めて低い採択率であったが、本学の提案は無事に採択された。

　全申請件数は319件。そのなかで52件が採択と全体の採択率は1/6。私立大学としては、申請180件中15件採択と採択率は1/12。しかも、首都圏で採択されたのは僅か4大学だけで、23区内に本部を置く大学では本学が唯一の採択となった。

　このような、超難関な募集にもかかわらず、無事に本学の事業計画が採択となっ

たのは何故か？それは、本学の建学の理念とそれに基づく実際の教育・研究・社会貢献の活動が、地域連携活動にぴったり適合していたからである。

本学では、その前身の東京高等商工学校を有元史郎が1927年に設立したときの建学の精神は、「社会に学び、社会に貢献する」という実学重視の技術者教育であり、それが現在まで継承されている。学生達にとって、もっとも触れやすい社会とはまさにキャンパス周囲の地域である。そのため、豊洲・芝浦・大宮の3か所のキャンパスそれぞれで、周囲の地域と連携した教育・研究・社会貢献活動を当たり前のように実施していた。今回の「地（知）の拠点整備事業」と同様の大学と地域の連携は、すでに大学で取り入れていたのである。

これに加えて本学では、様々なテーマに対してグループ討議を行って課題解決を計る、PBL※授業が展開されていた。このPBL授業は、大宮キャンパスに拠点があるシステム理工学部が、システム工学技法の体系的教育カリキュラムとして実施していたものが、全学に広がったものである。学生グループへは、地域団体や企業のニーズが示され、それらのテーマに対して学生グループは課題を抽出し、ネット検索や現場訪問、アンケートなどの情報取得のための調査を行い、課題を解決するためのシステムやサービスを創生し、それをシミュレーションやプロトシステムを作成して効果評価を行う。学生達は教員から教わるのではなく、自ら解決策を導きだ

図2.1　芝浦工業大学建学者の有元史郎の「非科学的教育の提唱」。実学の重要性を訴えている。[1]

す訓練となり、社会へ出たときに必要なコンピテンシー（能力の高い人に共通する行動特性で専門性とは別であり、現場で課題を解決へ導く遂行能力のことを指す）を高めることになる。

このように、建学の精神による社会（地域）に学ぶ考え方と、システム思考のPBL授業の枠組みを組み合わせて、「地（知）の拠点整備事業」の計画の骨子を充実させることができ、無事に採択された。

※PBL：プロジェクト・ベースト・ラーニング、またはプロブレム・ベースト・ラーニング。前者は課題発見からはじめるプロジェクト型学習、後者は課題提供のもとはじめる課題解決型学習。自ら能動的に考えるための学習方法であり、アクティブ・ラーニングのひとつである。また、第1章のまちづくりにおける大学と地域の連携方法であるサービス・ラーニングは、アクティブ・ラーニングによる人材育成を実現するためのPBLであり、まちづくりを題材として人材育成には極めて有効なアプローチである。

2.2　大学COC事業計画の考え方

大学COC事業計画でもっとも重要なことは、教職員の新たな負荷を少なくしつつ、最大の成果を達成するための具体的な方策を盛り込むことである。そのために、以下を基本的な方針とした。

① 学則変更・カリキュラム変更・学内組織変更をできるだけ行わない。

② そのために、現在の大学の地域連携活動をできるだけCOC事業計画に入れて、これまでの学内活動の延長としてとらえる。

③ 教員が自由に活動を行えるようにボトムアップ方式をとる。

④ ボトムアップの活動が大学全体にだんだんと行き渡るように、活動を見える化して訴求し、また毎年学内公募を行う。

この方針に基づいて、まずは学内の地域連携活動状況を調査し、大学COC事業計画に参加していただけそうな教員をピックアップし、それぞれの教員にヒアリングを行って活動状況を把握した。そして、それぞれの教員の活動をプロジェクト制として、ボトムアップで個別にプロジェクト推進計画の作成と実施管理をしていただくこととした。

さらに、文科省からの必達項目として、学生達が大学で4年間学ぶうえで必ず一度は「地域志向科目」を履修する仕組みを作ること、という課題があった。これに対して、地域志向となる授業科目の新設はカリキュラム変更の手続きが長期間になるというマイナス面がある。そこで、すでに実施している授業科目の一部を「地域志向科目」の要件に適合するように、修正することで対応することとした。この要

件に適用できたのが、低学年時に履修する英語科目やシステム工学科目などで、各学部の事情に応じて地域志向の内容を追加するように、お願いした。

そして、学内の全学部・大学院のシラバスをチェックして、地域に関連する科目の洗い出しを行った。抽出された科目に「地域志向授業科目」や「地域連携PBL」などのタグ付けをして、見える化を行った。

2.3 地域連携の進め方

本学は豊洲、芝浦、大宮と3つのキャンパスを有している。それぞれ、東京都江東区・中央区、港区、埼玉県・さいたま市を周辺地域としている。そこで、それらの各地域の課題を明確にし、その課題への対応として大学COC事業計画を推進する図式を構成することとした。各地域行政と調整した結果、地域の課題は以下のように整理できた。

（1）江東区（一部中央区含む）
① 高層マンション居住率・人口増加・都市開発により希薄化した地域コミュニ

図2.2 芝浦工業大学の3キャンパス

ティの改善

② 河川・運河の再生・有効活用

③ 高齢者・子どもの見守り、防犯、災害、緊急時などの地域コミュニケーションの創出

④ 労務費の安価なアジア諸国での製造シフトによる、空洞化したものづくり産業の国内回帰

（2）港区

① 政治・経済・文化の中心地として活発で良好な環境作り、商業・業務・住宅のきめ細かい共存

② 歴史・緑・水に恵まれた環境を景観形成・都市観光に生かした都・国の魅力の創出

③ 発展するＩＴ産業、デザイン産業、高所得の住民のニーズへの対応

（3）埼玉県・さいたま市

① 経済力維持・向上、超高齢社会を支える活力ある都市環境形成、低負荷環境の創出

② 行政に対等な立場で市民が参加する都市計画の創出

③ 公共交通から離れた地域、短距離の自動車利用抑制、高齢化に対応したモビリティ開発

④ 都市としての個性創出、地域経済を牽引する企業の輩出、商店街機能の回復

⑤ 「次世代自動車・スマートエネルギー特区」向け低炭素型パーソナルモビリティの開発

　これらの地域課題に対して、本学で進めるプロジェクトの対応を整理して、整合させた。

　次に地域連携を進めるにあたって、地域と本学との連携形式を整える必要が生じ、連携協定を調停することとなった。江東区とは2007年に、港区とは2009年に包括連携協定を締結済みであった。さいたま市とは市の主催する「パーソナルモビリティ普及研究会」へ本学が参加する連携はすでに行っていたが、2015年にイノベーション連携協定を締結した。また、埼玉県とは2016年に包括連携協定を締結している。さらに、市民団体とは豊洲地区運河ルネサンス協議会や芝浦海岸町会商店会連絡協議会などの枠組みで連携を行っている。また、地域の企業とも、ものづくりに関する連携を深めている。

　これらの地域と本学の連携により、地域側のスタッフの本学の教育現場への参加

による人的支援、地域の場所の格安提供や資材供与、設計支援などの物的支援を受けており、地域側には本学から「知の公開」として地域公開講座やシンポジウムの開催、「知の交流」として地域との共同研究・技術指導や新技術の発信、「知の創生」として環境改善・QOL向上・技術イノベーションなどの社会貢献で対応する。

このように、地域と本学が現場で結びついて、学生を交えて教育・研究・社会貢献の各分野で大きな成果を挙げる体制を整備することができた。

2.4　5ヵ年計画と推進体制

本学の地域連携活動は、地域の環境改善や都市計画などの「まちづくり」と、地域と協働して新たな機械・システム・サービスを創生する「ものづくり」の2つの分野に大別される。それで、今回の事業は『「まちづくり」「ものづくり」を通した人材育成推進事業』と命名した。そして、2013年度の初年度では、それまでの地域連携の実績から、次の7プロジェクトを中心として、活動を開始することとなった。

①　ロボット技術による見守り健康支援等スマートタウン構想
②　木材業者との連携による居住環境の改善
③　江東内部河川や運河の活用とコミュニティ強化
④　芝浦アーバンデザイン・スクール
⑤　まちづくりコラボレーション〜さいたまプロジェクト
⑥　低炭素モビリティと移動情報ネットワークサービスの開発
⑦　材料・製造工程革新によるものづくり産業の国内回帰

翌2014年度からは事前に学内公募を行い、申請のあったプロジェクトに対して厳正に審査を行って、採否とプロジェクト助成金額を定めるようにした。それぞれのプロジェクトに対しては、申請時に教育・研究・社会貢献の年間目標を定めてもらい、その目標へ向けた計画に沿った推進管理をプロジェクト代表者の教員にお願いし、プロジェクト終了時に目標達成度に応じて学内評価を実施することとした。以来プロジェクト数もだんだん増加し、最終年度の2017年度には18プロジェクトにまで達している。

5ヵ年計画としては、図2.3に示すように、3段階のステージに分けて、第1ステージは計画・試行・挑戦を行うPlanとDoの段階。第2ステージで見直すCheckを行い、その結果を反映して第3ステージの土台作り・飛躍準備のActionで結ぶ長期PDCAのサイクルとした。

COC事業の推進体制は図2.4に示すように、学長直轄の複合領域産学官民連携推進本部の下部組織として、地域共創センターを新設。大宮・豊洲・芝浦の各キャンパスに地域共創センター長を配している。

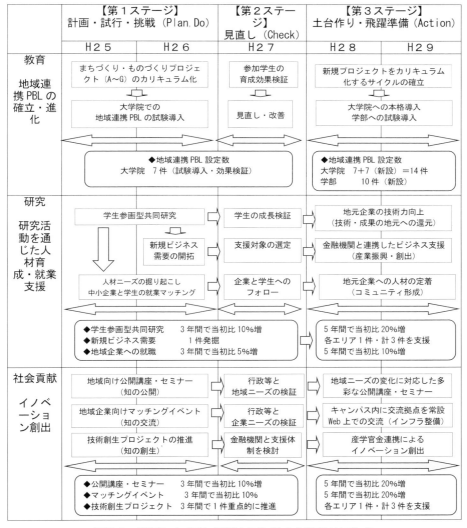

図2.3　当初5ヵ年計画。PDCAのサイクルを当てはめている

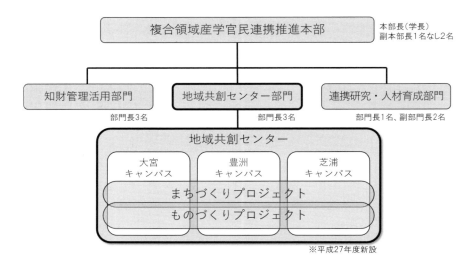

図2.4 大学COC事業の推進組織。学長が直轄する複合領域産学官民連携推進本部の下に、2015年度には地域共創センターを新設し、大宮・豊洲・芝浦の各キャンパスにセンター長を配している

　各キャンパスには地域連携コーディネーターを配置し、実質的な連携手続きや情報交換の窓口として、地域との連携体制の円滑化を計っている。

　各プロジェクトの成果報告は、年に2回程度行っている。秋季にはキャンパス内でCOCのシンポジウムを開催して、関係者だけではなく一般の方々にも分かりやすい成果報告につとめた。また、年度末の3月にはこの時期の一大イベントである「産学官連携研究交流会」開催時に、プロジェクトを主に担当した学生達による学生報告会を開催し、社会人のゲストと学生達が意見交換をする機会を設けた。このイベントは学位授与式（卒業式）の前日開催し、学生達が社会に巣立つ直前に社会人と大いに触れ合う教育効果も狙っている。

2.5　5ヵ年の成果

　図2.5に、5ヵ年にわたるプロジェクトのリストを示す。一年ごとにプロジェクト数は増加していて、最後は18プロジェクトが展開するまでになっている。

　本学の大学COC事業では、教育・研究・社会貢献の各活動分野で各年度の目標を設定し、成果達成度を定量的に評価している。図2.6に教育分野、図2.7に研究分

No.	プロジェクト名称	H25	H26	H27	H28	H29	江東区	港区	さいたま市	埼玉県
01	ロボット技術による見守り・健康支援等スマートタウン構築	●	●	●	●	●	●			●
02	木材業者との連携による居住環境の改善	●	●	●	●	●	●			
03	江東内部河川や運河の活用とコミュニティ強化	●	●	●	●	●	●			
04	都心の災害を考えるワークショップ実施と展覧会の開催	●	●	●	●	●		●		
05	芝浦アーバンデザイン・スクール	●	●	●	●	●		●		
06	まちづくりコラボレーション ～さいたまプロジェクト	●	●	●	●	●			●	
07	低炭素パーソナルモビリティと移動情報ネットワークサービスの開発	●	●	●	●				●	
08	システム思考を用いた地域間連携型農業支援		●	●	●	●			●	
09	機械系ものづくり産業地域との連携による技術イノベーション創出のための実践教育		●	●	●	●				●
10	地域課題解決思考を通じた土木技術アクティブラーニング		●	●	●	●				●
11	気候変動と地震災害に適応したレジリエントな地域環境システム			●	●	●	●			
12	ものづくり中小・大手メーカーとのマイクロテクスチュア技術教育			●	●	●				●
13	東京臨海地域における安心安全の都市づくりを推進するロードマップの作成			●	●	●	●			
14	インバウンドビジネスを創出するグローバル・ローカリゼーション			●	●	●			●	
15	地域コミュニティにおける生活コミュニケーション活性化技術			●	●	●			●	
16	豊洲、大宮地区の車載センサを応用した交通安全対策活動			●	●	●	●		●	
17	豊洲ユニバーサルデザイン探検隊				●	●	●			
18	学生のサポートを生かしたロコモ予防のためのシニア向け運動教室				●			●		
19	デザイン工学と経営学の両輪による地域人材の育成	●	●	●				●		
20	(仮称) 芝浦まちづくりセンター				●			●		
21	マイクロ・ナノものづくり教育イノベーション				●	●				●
22	中央卸売市場移転事業 豊洲サイバーエンポリウム				●	●	●			
23	地域密着型の技術系中小企業による新製品開発の支援				●	●			●	

図2.5 プロジェクトリスト。年々、プロジェクト数が増えている

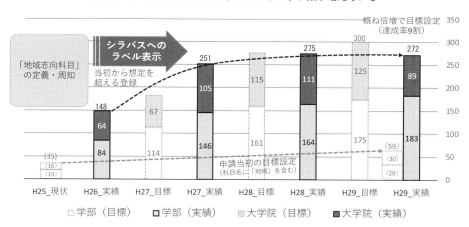

図2.6 教育分野での目標と実績。地域志向科目数を指標としており、いずれの年度でも目標をほぼ達成している

第2章 「まちづくり」「ものづくり」を通した人材育成 41

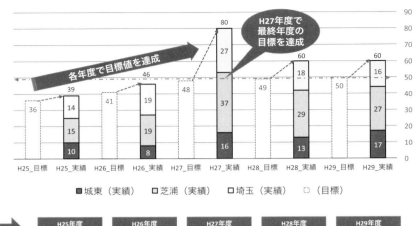

図2.7 研究分野での目標と実績。共同研究数を指標としており、いずれの年度でも目標を上回っている

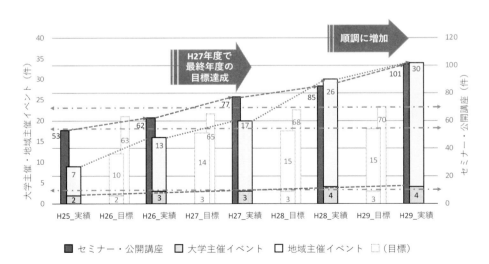

図2.8 社会貢献の目標と実績。セミナーなどのイベント数を指標としており、いずれの年度でも目標を達成している

42 第Ⅰ部 メソッド

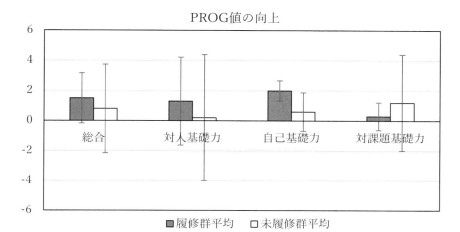

図2.9 PROGテスト結果。大学COC事業でのPBL授業の履修群の方が未履修群よりも対課題基礎力を除いてPROG値が高く、この授業によって社会人基礎力であるコンピテンシーが向上したことがわかる[2]

野、図2.8に社会貢献分野の目標と実績を示す。この3分野でいずれの年度でも目標が達成されている。

教育分野では、大学COC事業によるPBL教育の効果について、よりミクロかつ定量的な評価を実施している。PROG値（社会人基礎力であるコンピテンシーの指標）による個人評価の手法を用いた結果を図2.9に示す。PBL教育の授業の履修群と未履群を比較すると、履修群の方がPROG値、すなわちコンピテンシーが高い。大学COC事業でのPBL教育効果が実証されている。

2.6 実学教育を具現化する芝浦メソッド

以上述べたように、大学COC事業を5ヵ年実施して、教育・研究・社会貢献で大きな成果を得られたが、その実施の特徴となっている具体的な手法を「芝浦メソッド」と称して紹介する。芝浦メソッドは図2.10に示す枠組みとなっている。

図に示すように、芝浦メソッドを支える柱となっているのは、「ボトムアップ体制」、「地域現場主義」、「まちづくり・ものづくり連携」、「グルーバルとローカル」、「システム思考・デザイン思考」、「見える化」の6項目となっている。これらをさらに具現化する枠組みとして、「地域連携のインフラ」、「プロジェクト・ベースト・

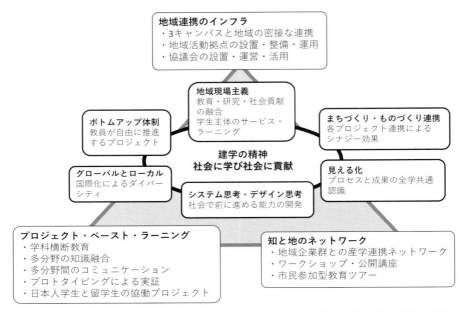

図2.10 芝浦メソッドの枠組み。建学の精神を地域連携に活かした教育・研究・社会貢献の具体的な手法の位置づけを示す

ラーニング」、「知と地のネットワーク」の各領域で詳細なメソッドを用いている。

2.7 COC教育の今後

　大学COC事業は5ヵ年で終了となったが、支援プログラムが終了した後でも、この活動を継続して成果を出し続けることが重要である。そこで、5ヵ年計画の後半では、活動資源を徐々に学内のものに振り替えていく手続きを進めてきた。その結果、大学COC事業終了後も同等の地域と密接に連携した「まちづくり」、「ものづくり」の教育・研究・社会貢献活動が可能となっている。これは、5ヵ年の大学COC事業の成果として、密接な地域連携活動が全学に広がり、大学の自律した教育・研究・社会貢献活動として日常普通に実施できるように発展できたことと捉えられる。

　今後も大学が中心となって地域連携をさらに進めて、大きな成果を挙げていくことを期待したい。

第Ⅱ部

プロジェクト

各章扉のマークは「芝浦メソッド」

第Ⅱ部では、第3章〜第9章まで、「まちづくり」「ものづくり」活動を具体的に紹介する。それぞれの章の扉には、第2章で紹介した芝浦メソッドの6つの柱のうち、主に用いられている項目を、以下のようなマークで示した。

◆6つの柱と対応するマーク一覧◆

芝浦メソッドの6つの柱	マーク
地域現場主義 　教育・研究・社会貢献の融合 　学生主体のサービス・ラーニング	地域現場主義
まちづくり・ものづくり連携 　各プロジェクト連携によるシナジー効果	まちもの連携
見える化 　プロセスと成果の全学共通認識	見える化
システム思考・デザイン思考 　社会で前に進める能力の開発	システム・デザイン
グローバルとローカル 　国際化によるダイバーシティ	グローバル・ローカル
ボトムアップ体制 　教員が自由に推進するプロジェクト	ボトムアップ

47

《芝浦工業大学独自の取り組み「学生プロジェクト」について》

第Ⅱ部に登場する「学生プロジェクト」とは、学生が自主的に企画・立案し、運営するプロジェクト活動に対して、大学が資金援助をする芝浦工業大学独自の取り組みである。学生たちは、既存のクラブ・サークル、研究室以外のメンバーで新しいチームを組み、それぞれのプロジェクトを企画・実行していく。学長を委員長とする「学生プロジェクト選考委員会」による選考会にてプロジェクトが採択されると、1団体につき年間50万円を上限に活動資金が援助される仕組みとなっている。

第3章

地域現場主義　ボトムアップ　見える化

地域で一緒に考える『協議会・研究会』

豊洲地区運河ルネサンス協議会

3.1　地域と共に考える場・関係をつくる

　まちづくりの分野では、地域貢献をベースとしつつ教育と研究を一体として、継続的な地域連携が取り組まれている。その体制は、大学キャンパスや研究室を拠点とするもの、大学内にまちづくりセンターといった研究組織を立ち上げるもの、キャンパスの外に活動拠点を設けるもの、大学が地域の一員としてまちづくり協議会といった組織に積極的に参画するものがある。

　本章では、芝浦工業大学がとる特徴的な連携体制である「大学が地域の一員としてまちづくり協議会といった組織に積極的に参画する」方法を示すが、まずは基本的なこととして、まちづくり協議会について説明しよう。

■まちづくり協議会

　住民と自治体とをつなげるまちづくりの体制として、まちづくり協議会が組織されることが多い。住民が主体となって検討し意思決定するための社会的な仕組みであり、町会や自治会、商店会、NPO、住民有志、企業、専門家などで構成され

49

る。まちづくり協議会は、1970年代に住環境改善の取り組みから生まれたもので、代表的なものとして、神戸市真野地区の「真野まちづくり推進会」がある。1995年に発生した阪神淡路大震災の復興まちづくりでは、この推進会などが迅速に取り組み、復興の様々なプロジェクトを実現していったので、その後まちづくり協議会といったまちづくりの体制が日本各地へと広がることになった。

　まちづくりの体制には、他にも習志野市の「まちづくり会議」や東京都中野区の住区協議会（2009年まで）などもある。いずれにしても、住民と自治体とをつなげる体制であり、町会や自治会が自治体からのトップダウンによる意思決定機関に陥りがちになる、内部完結的な議論に終始しがちとなるという欠点を補う体制で、多様な意見を取り入れる、外に対してもオープンな性格を持たせている。

　このように広がってきたまちづくり協議会は、地域の状況やテーマによって連携する自治体や地域団体が異なることで様々なタイプがある。次節以降で取り上げるのは、運河・水辺活用をテーマとする協議会と、駅前中心市街地の再生をテーマとする協議会である。

■大学がまちづくり協議会の一員となる動き

　特に地方では、地方都市中心市街地の空洞化や、中山間地域の過疎化といった深刻な問題を抱えている。また人口の減少と高齢化が進んでいることなどから、地域の大学や研究室がまちづくり協議会といった地域組織の一員となる動きが目立つ。大学には、学生という若者や教員という人的資源があり、また教員の専門知識や学生を中心とする新しい発想という知財もある。大学はそのような資源が期待されて地域の一員となり、地域と教員・学生のマッチングが上手くいくことで、大学が積極的にまちづくり協議会に参画するケースもでてきている。

■芝浦工業大学と地域の状況

　本学は、東京湾岸地域の江東区豊洲と港区芝浦にキャンパスを構えることから、豊洲地区運河ルネサンス協議会と芝浦運河ルネサンス協議会の会員となっており、特に豊洲地区では、本学は協議会の事務局を務めている。

　また本学は、さいたま市見沼区にもキャンパスを有することから、見沼区を中心として地域との連携が多い。中でも、さいたま市としても一大プロジェクトに掲げられている大宮駅周辺地域の協議会に参加して、都市環境の改善をテーマとする取り組みで重要な役割を果たしている。

50　第Ⅱ部　プロジェクト

3.2　豊洲地区運河ルネサンス協議会

　運河ルネサンス協議会とは、東京都が設けた運河・水辺利用の規制緩和制度の中に位置づけられたもので、東京湾岸地域に現在5地区が指定されている。豊洲での運河ルネサンス協議会では、設立当初から学生たちも含めた本学が重要な役割を果たしており、また貴重な地域貢献学習とアクション・リサーチの場となっている。

日付		会合	イベント
2006年	3月31日	運河ルネサンス豊洲地区連絡会(第1回)	
2007年	3月26日	運河ルネサンス豊洲地区連絡会(第2回)	
	11月24日		豊洲運河リバークルージング(※1)
2008年	2月15日	運河ルネサンス豊洲地区連絡会(第3回)	
	3月17日	第1回豊洲地区運ルネ協議会設立準備会	
	5月 9日	第2回豊洲地区運ルネ協議会設立準備会	
	7月 8日	第3回豊洲地区運ルネ協議会設立準備会	
	9月29日	第4回豊洲地区運ルネ協議会設立準備会	
	11月 2日		「江東」水辺のまちづくりフォーラム(※2)
	12月 8日	第5回豊洲地区運ルネ協議会設立準備会	
2009年	3月 1日	「運ルネ協議会」設立	
	3月	「キャナルウォーク」開放	
	7月25日	打ち水大作戦(※3)	
		「潮風の散歩道」開放	
2010年	3月	「豊洲運河船着場」整備完了	
	3月27日		江東水彩都市づくりフェスタ(※4)
	8月21日		豊洲水彩まつり
2011年		・船着場の利用状況 　2010年度：計20回、約2,200人(イベント5回・2,084人、調査研究14回・185人、清掃1回・20人) 　2011年度：計31回、約5,800人(イベント23回・5,625人、調査研究8回・146人) ・運ルネ協議会の設立以降は定期的に協議会を開催している(合計15回、2012年3月21日現在)	

※1 芝浦工業大学の学生が企画し、仮設の船着場を設置して豊洲周辺のクルージングを実施した。
※2 芝浦工業大学と東京海洋大学、江東区、運ルネ協議会設立準備会のメンバーが開催したもので、船上
　　からの水辺の視察とシンポジウムを行った。この際、学生による船着場の提案が行われた。
※3 芝浦工業大学前のキャナルコートで、小学生以下の子どもを対象に竹筒水鉄砲を作り、簡単なゲームや
　　打ち水を行った。
※4 船着場を利用してドラゴンボートやカッターボートの乗船体験や他の江東区の防災船着き場との連絡船
　　を行った。その他に、キャナルコートを利用 した出店や打ち水等を実施した。

図3.1　豊洲地区運河ルネサンス協議会設立の経緯。2007年の学生プロジェクト「豊洲リバーク
　　　ルージング」が大きな役割を果たした

■豊洲地区運河ルネサンス協議会

　豊洲地区での運河ルネサンス協議会の設立に、本学のかかわりは大きかった（図3.1）。2006年3月から、地元代表での「運河ルネサンス豊洲地区連絡会」は始まっていたが、運河活用の気運はなかなか高まらなかった。この時点では、まだ運河沿いには高潮堤防があり、遊歩道も整備されていなかったので、人々は運河に近寄ることもできなかったので仕方がないことではあった。

　そこに2007年11月、芝浦工業大学建築学科の学生たちが同大学の学生プロジェクトとして「豊洲運河リバークルージング」を開催した（図3.1）。これには、江東区や東京都、東京海洋大学、NPO法人が支援し、仮設の浮き桟橋を設置し、高潮堤防に設置されていたフェンスの一部を外して、浮き桟橋へのルートを設置することで実現した。乗船者は、同時開催されていた学園祭「芝浦祭」などで募集し、多くの地元住民が乗船して運河クルーズを楽しんだ。このクルーズでは、学生の元気で楽しいガイドも好評だった。

　この学生プロジェクトをきっかけとして、運河活用の気運が高まり、2008年には「豊洲地区運河ルネサンス協議会設立準備会」が始まり、同年11月には、「江東水辺のまちづくりフォーラム」が東京海洋大学と本学を会場として開催され、2009年3月に協議会が設立された。協議会の目的は、運河・水辺の活用を通じての人々のふれあいとコミュニティづくりであり、「ふるさとと呼べる豊洲づくり」を掲げている。協議会の事務局は、本学の地域連携・生涯学習企画推進課と建築学科地域デザイン研究室が務めている。

　2018年9月現在、24団体が会員で、町会自治会といった住民団体、商店会、NPO、大学、小学校PTA、保育園、観光協会、クルージング業者といった民間事業者、漁業協同組合連合会などが会員で、江東区や東京都はオブザーバーである。

■豊洲運河船着場の整備と協議会活動の始まり

　協議会の設立を受けて江東区は、豊洲運河の本学キャンパス脇に防災船着場である浮き桟橋型の豊洲運河船着場を整備した。2010年3月には、オープニングセレモニーとして「江東水彩都市づくりフェスタ」が船着場で開催された。この船着場は、「船着場等管理に関する協定書」が江東区、協議会、本学の三者で締結されて、日常的な管理を本学が行っている。船着場を使用する時には、使用者は本学窓口に利用申請書を提出して鍵をかり、使用後鍵を本学窓口に返却するだけと、利用しやすい仕組みになっている。

図3.2（左）　豊洲水彩まつり。多くのイベントが水辺で開催される
図3.3（右）　船カフェ。停泊している船舶をカフェにして、水辺ににぎわいをつくる

　協議会は、2010年8月から毎年「豊洲水彩まつり」を、2011年4月から「船カフェ社会実験」を毎年開催している（図3.2、図3.3）。豊洲水彩まつりとは、年1回1日の水辺を舞台とするイベントで、子ども向けのイベントや写真コンテスト、キャナルカフェ、運河クルーズなど多くの催しからなる。船カフェ社会実験とは、船着場の利用を増やそうと始まった取り組みで、船着場に係留した船舶をカフェとして使用するもの。週末の2日間から長いもので2週間連続して開催している。

■運河クルーズと学生クルーズガイド

　豊洲水彩まつりと船カフェでは、運河クルーズを毎回実施しており、建築学科地域デザイン研究室の学生たちが、東京湾岸地域の歴史的な文脈と文化にちなんだ見所を紹介するガイドを行っている（図3.4）。そこで2014年度には、それまでに実施してきたガイドの評価結果を受けて内容を精査し、クルーズガイドブックを作成した。このガイドブックでは、見所を紹介する内容に加えて、出発時と到着の挨拶や注意事項の説明の仕方や、明るく元気に説明するなどの心得も書かれている。学生たちは、このガイドブックをクルーズコースやまちの変化に対応させて毎年改訂版

図3.4　運河クルーズでの学生ガイド。元気で楽しいガイドが好評なので、毎回行われている

第3章　地域で一緒に考える『協議会・研究会』　53

を作成し、皆でそれを参照しながら勉強してガイドに臨んでいる。
　多くの人々が、東京湾岸地域の歴史的な文脈と文化を楽しみながら学べる機会となっている。

■水辺公共空間の活用促進に関する研究

　運河ルネサンス支援という社会貢献活動を行うことで、東京都港湾局や建設局、江東区、またNPOや民間事業者と信頼関係を深めている。これら信頼関係を踏まえて、毎年学生が卒業研究や修士研究に取り組んでいる。これら研究の中には、学会の査読論文として発表したものもある。「水辺公共空間の活用を促進するための運営に関する研究—東京都隅田川流域と湾岸地域における実態を対象として—」は、民間事業者による水辺公有地と公的船着場の活用状況や体制、管理、運営の実態を明らかにした研究である。このような知見を実際のまちづくりに取り入れることで、更なる成果を挙げるというサイクルができている。

■東電堀整備提案とワークショップ

　協議会は、豊洲5丁目と6丁目の間にある閉水域の運河（通称：東電堀）を活動区域に取り入れたいと考え始めた。通過船舶が入ってこないため、手漕ぎボートやヨットでの活動に適しているからだ。活動区域とするためには、東京都の許可と、船着場の整備などが必要だ。そこでまずは、本学建築学科3年生が、ゼミナールの一環で東電堀の空間整備を提案した（図3.5）。

　すでに完成していた遊歩道や建物との関係から、動力船用と手漕ぎボート用の船着場、さらにカフェを併設したボートハウスを東電堀中央の軸線上に整備する。学生たちは協議会の会合でこの提案を発表し、協議会としてもこの提案を東京都や江東区、民間事業者に参考案として提示している。

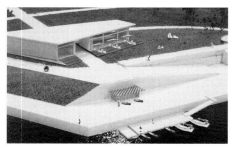 

図3.5　東電堀整備の提案。学生たちは、協議会の会合で提案（左図）を発表した。協議会は、この提案を参考案として、東京都や江東区、民間事業者に提示している

■活動区域の拡大と地域貢献学習

2017年の豊洲水彩まつりから会場が東電堀となり、イベントの規模が拡大している。学生たちは、東電堀という新会場での全体配置の検討を新たに行い、またイベント当日は、テントや机イスといった会場設営の取りまとめ担当となり、住民や大学職員とコミュニケーションをとりながら連携活動を行っている。新たな展開のもとで、貴重な地域貢献学習の機会は継続しており、アクション・リサーチの幅も広がっている。

3.3 大宮駅東口協議会

前述のように、地域が主体的にその将来像を考える場に大学も参画し、共同での研究活動の推進や、PBL実施を通じた教育活動との連携（地域の課題の把握や成果発表会での意見交換等）を進めることは有意義である。本節では、一般社団法人大宮駅東口協議会（OEC：Omiya station East entrance Conference）と連携しながら、都市環境の改善をテーマとして、都市の高温化リスクに関する環境調査と空間創出の提案を実施している事例について紹介を行う。

■一般社団法人大宮駅東口協議会（OEC:Omiya station East entrance Conference）

OECの概要について、協議会のホームページ[1]から引用させていただきながら紹介する。OECは、「成長都市の時代から成熟都市の時代へと移行し、都市づくりにおいても、民（市民・住民・企業市民・就業者）主体の都市づくりへと移り変わっている」との認識のもと、「大宮東口の特性を活かし、地域の魅力を高める。民の望むまちづくりを民の手でまとめ、提言し、実現していく」ことをめざし設立され、大宮駅東口半径1km範囲を対象として民主導による地域特性を活かしたまちづくりの推進検討に取り組んでいるまちづくり協議会である。

■都市の高温化に適応したまちづくりの推進

都市の高温化の進展により夏季の暑熱環境は人間にとって非常に厳しいものとなっている。都市の高温化が深刻化していく中でも「安心して歩いて暮らせる都市づくり」を実現することが重要である。特に夏季に屋外を歩行により移動する際には熱中症のリスクが高くなる。活力と魅力あるまちづくりを推進する上では、地域の回遊性を高める必要があるが、熱中症の危険性については、生活と命に関わる重

要な課題として理解をする必要がある。

　以上のような背景のもと、地域の人々が安全に屋外を移動できるようにするため、屋外の暑熱環境の実態と熱中症リスクとの関係について認識と理解を深めてもらうことが重要であると考え、大学にて市民参加型の「熱中症リスク発見ツアー」を企画・実施した。

　「熱中症リスク発見ツアー」は大宮駅東口地域を対象として2015年から夏季に実施をしている。参加者は地元の自治体やまちづくりに関係する組織・団体、地域の企業関係者、学生、その他まちづくりに興味のある方々である。大宮駅東口地域の主要な歩行動線を対象に、熱環境的に特徴のある地点を徒歩でまわりながら、参加者の方に暑さ指数（WBGT［湿球黒球温度］：Wet Bulb Globe Temperature）、温湿度、風速等について計測をしていただいた。その後、太陽と建物、道路の位置関係や、方位・時刻による違いなどを念頭に、各地点の状況について解説を行った。

　道路の方向や幅員、沿道の建物高さの違い等によって熱的な環境が異なることや、東西に走る通りの北側が熱的に厳しい環境になっていること、長い時間信号待ちをする交差点や、待ち合わせ場所となっている駅前広場が厳しい日射にさらされている状況や、休憩のために街路上に設置されているベンチが日射を受けて高温になっている実態など、必ずしも現在のまちづくりが暑熱環境に配慮して行われているものではないということについて参加者の皆様と意見交換を行い、暑熱環境の理解と関心を高める機会としている。同時に、地域の方からは各地点の特徴や歴史、日頃の様子や時代による変化等についてお話を伺い、地域の将来像を考えるために重要な情報を様々な角度からご教示いただいた。（図3.6、3.7）

　大宮駅東口では、今後氷川神社を中心とした地域の歴史資産や豊かな緑の自然資源などを生かしながら、地域の魅力と回遊性を高めるまちづくりを検討することが重要なテーマとなっている。本ツアーで得られた結果を地域の具体的なまちづくり提案まで繋げていくことを目指して、2016年にはツアーの結果を踏まえて大学にてまちづくり提案を作成し、OECの定例会において発表を行った。

　こうした交流を通じて、大宮駅から多くの人が訪れる氷川神社や新しい区役所庁舎までは徒歩で少し時間を要するため、特に高齢者を中心に厳しい歩行環境であることや、これらの目的地まで歩く道に休憩場所が少ないため、道沿いに気軽に休憩できるスペースが欲しいという声などが挙げられた（図3.8）。なお本事例では、地域で開催される協議会定例会の場に大学の産学官連携コーディネーターが参加することで日頃から情報交換を進めていたことも付記しておく。

図3.6 「熱中症リスク発見ツアー」の活動。(上左) 大宮駅前の環境計測、(上右) 緑陰の状況を調べている様子、(右) サーモカメラによる熱環境の可視化もある

図3.7 熱中症リスク発見ツアーでは、屋外での計測活動だけでなく、暑熱環境に関するミニレクチャーも行う。参加者との交流、また地域の情報をいただける機会でもある

図3.8 ツアーの結果を踏まえて、報告や提案をしていく
(左) OEC定例会における研究成果報告、(右) 協議会関係者の方との意見交換

■まちづくり推進に向けた多様な連携へ

　こうした議論を経て、路上における熱中症患者の発生を抑制するため、まちなかの新しい公共性を担う空間として図3.9に示すような機能を備えた「クールスポット」を検討するための産学官民連携による研究会（さいたま・人×まち×暮らし・レジリエンス研究会）を設立し、公有地、民地を問わず、休憩スポット（日陰で座れる、休める、暑さから逃れられる、水分補給ができる）、情報拠点（熱中症危険通知や熱中症予防情報が表示される、休憩をしたり涼むことのできる近隣施設・建物の情報が提供される、地震等災害時の防災情報が提供される、目的地までの経路の中で日陰の多いルートが表示される）、交流拠点（救急スタッフの待機・活動拠点となる、地震災害時にも拠り所となる、まち歩きに有益な地域の情報が得られる、平常時より地域の活動やコミュニティを豊かにするための拠点となる、地域の防犯に寄与する）を兼ね備えた新しい場づくりの実現に向けた議論へと展開をしている。

　また2017年には「おおみやストリートテラス」（主催：アーバンデザインセンター大宮［UDCO］）において、クールスポットの必要性やイメージについて試験的な空間形成と現地での説明を実施した。（図3.10、3.11）

　以上のように、地域の活動への多面的な参画を通じて地域と大学との連携を深めることは研究と教育の両面で有意義であり重要な要素となる。今後も、地域における課題調査、市民合意形成、公共空間活用、クールスポット推進の具体的検討など、目的に応じて地域の各協議会・団体と有機的に連携し、協力もいただきながら、実践的な地域貢献活動を推進していきたいと考えている。

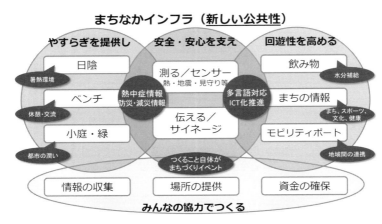

図3.9　新しいまちなかインフラとしての「クールスポット」の提案コンセプト

図3.10（左）　「おおみやストリートテラス」におけるクールスポットの説明
図3.11（右）　「おおみやストリートテラス」におけるクールスポットの試験的な空間形成

3.4　地域で考える中での大学の立ち位置

　大学の地域連携でのポイントと立ち位置は、地域やまちづくり協議会の状況、大学の状況によって様々だが、本章で紹介したまちづくり協議会の一員としての取り組みから、以下のことが言えるだろう。

■地域貢献活動を通じて信頼関係を築く

　大学と地域との連携といっても、地域にかかわる全ての人々や団体と連携関係を築けるわけではない。大学の取り組みを地域に情報発信しても、東京湾岸地域やさいたま地域といった都市部では、受け手である地域の住民が必ずしも地域やまちづくりに関心があるわけではない。そこで情報発信をしっかり行いつつ、大学はまちづくり協議会の一員として活動し、協議会会員との信頼関係を確実に築き上げていくことを心がける。例えば、会員である町会や商店会と、会合などで顔を合わせた付き合いを続け、イベントでは共に活動する。このようなことの積み重ねによって、信頼関係を多くの地域団体と広げていく。

　大学は、決して権威的になってはならず、人材と知財を有しているものの単なる地域の一員である。地域貢献といっても、「貢献している」という意識を持ちすぎず、地域と共にまちづくりを考え、楽しみながら活動するという心持ちでありたい。学校法人である大学は、地域の中で利害関係が少なく、中立にふるまうことができる。学識経験者である教員は、地域と自治体との調整も可能である。そのような性格がベースにあるので、地域自治体から「心強い」と思われる信頼関係を築くことは難しいことではないだろう。

■学生の地域貢献学習の場として活用する

　地域貢献をベースとしながらも、地域連携を確実に地域貢献学習に結びつけ、学生の教育効果を高めていく。地域貢献を第一としながらも、教育で地域を活用できることのメリットは大きい。学生は教員から注意されるよりも、地域の人々から注意される方が薬になる。コミュニケーション能力の向上、行動力の向上、そして主体的な思考力を鍛え、知識の応用力が高まるだろう。教員が留意することは、まちづくり協議会が課題としている点をとらえ、そこを教育の機会として学生に提供することだ。地域が教育上有効な場となれば、貢献活動も無理せず継続することができる。

■信頼関係にもとづいて研究を促進する

　地域連携を教育に活用するだけではなく、研究も進め成果を積み上げていかなければ息の長い取り組みにはならない。地域貢献で築き上げる信頼関係は、まちづくり協議会の会員である住民やNPO、民間企業、自治体にまで及ぶ。このような信頼関係があることで、通常協力を得られないような意向調査や、得がたいデータを入手することも可能となるだろう。

　また、地域を研究の場とするアクション・リサーチによって、新たな研究の展開が期待できる。教員と学生は、地域活動に主体的に参画し、住民と共に行動し、計画づくりや設計を行う。また社会実験を実施することで、新たな仕組みや営みを創出することができる。これらの研究成果は、確実にまちづくりを進展させるだろう。

■難しい課題にじっくりと取り組む

　まちづくりでは、様々な解決すべき課題があるが、民間の都市計画コンサルタントが解決できないような困難な課題にあえてじっくりと取り組もう。大学が有する人材と知財を動員していけば、難しい課題も少しずつ解決できるはずだ。地域の中に入ってまちづくりの一員となることは、このような長期的な活動に取り組むことを意味しており、地域と大学の双方にとっての成果となり、相互のさらなる信頼関係を築くことにもなる。

　またこのような長期的な取り組みによって、まちづくり協議会の会員である人々は、教員や学生と交流することでオープンな姿勢を持つようになり、また刺激を受けることで、まちづくりの担い手となっていくに違いない。

第4章

地域現場主義　グローバル・ローカル　ボトムアップ

大学と地域が出会う『地域活動拠点』

東京郊外の大規模団地内に開設した大学のサテライトラボ

4.1　キャンパス外の地域活動拠点

　まちづくりは長期にわたる取り組みとなる。第1章1.2節で述べているとおり、大学が地域と連携して長期間継続してまちづくりに取り組むためには、そのための体制をつくることが不可欠である。大学キャンパスの外に地域の活動拠点を設けるのも、その1つの方法である。

　大学と地域の連携のために学外に地域活動拠点を設ける、という考え方そのものはわかりやすい。しかし、誰がどの場所でどのように進めたらよいのか？　教育、研究、社会貢献に対してどのような効果があるのか？　本章では、芝浦工業大学の学外の地域活動拠点の実践事例として、月島長屋学校、サテライトラボ上尾、ふじのきさん家、すみだテクノプラザを取り上げ、それらの問いに答えたい。

4.2　月島長屋学校

　路地と長屋からなる下町の街並みをとどめている東京都中央区月島で、リノベー

61

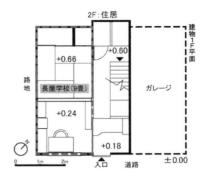

図4.1　芝浦工業大学 月島長屋学校。リノベーションされた築90年以上の二軒長屋を使った地域拠点

図4.2　長屋学校の平面図。土間4.5畳と和室4.5畳の計9畳のスペース。2階は住居なので、長屋学校はシェアハウスである

ションされた長屋を「芝浦工業大学 月島長屋学校」として2013年10月に開校した（図4.1）。学生と住民が集い、まちづくりを学び、実践する地域拠点だ。月島には、道行く人々の目を楽しませる植木鉢群が置かれ、日々の自宅まわり清掃、ご近所同士の挨拶・ふれあい・助け合いなど、住民はまちとのかかわりをしっかり持って暮らしている。一方で、各所で再開発が進みつつあり、タワーマンションが林立しており新しい住民が急増している。まちづくりの学び・実践にはもってこいのまちだ。

　長屋学校になっているのは、本学建築学科教員が所有している1926（大正15）年に建てられた長屋の1階部分で、土間4.5畳・和室4.5畳、計9畳のスペースだ（図4.2）。2階は住居になっており、本学建築学科の卒業生夫婦とその子どもが住んでいる。つまりシェアハウスだ。

　開校当初から、建築学科学生のゼミナールや授業が行われているが、2014年春に中央区の区民カレッジが長屋学校で開講されたことによって、カレッジの受講生だった住民が集まり、月1回の定例会が行われるようになった。「長屋だと、くつろげる・気楽に話せる」ということで集い始めたので、はじめはおしゃべり会が多かったが、徐々に学生たちとの交流が増えていったことで活動回数が多くなり、まちづくりを実践していくようになっていった（図4.3）。長屋学校住民メンバーも増えていき、2018年4月現在17名が住民メンバーとなっている。

■Tsukishima Alley Map と Walking Guide Bookの製作

　2014年にスーパーグローバル大学に採択された芝浦工業大学では、留学生が急増している。また、月島のまちでも近年、外国人の姿が多くなっている。まちづくりは、住民だけではできないもので、外部からも様々な意見やアイデアを取り入れることによって創造的なものになり成果をあげられる。そこで月島のまちが国際的に注目され、評価されるようになればという想いで、すでに製作・発行していた「月島路地マップ」の英語版・Tsukishima Alley Mapを製作することになった（図4.4）。学生たちが英訳を始めたが、正確な英訳はなかなか難しい。そこで一肌脱いでくれたのが日英翻訳家の長屋学校住民メンバーである。ボランティアで英語添削をしてくれて、さらに英国人の翻訳家も紹介してくれて、ネイティブチェックも無料で受けることができた。ご近所の底力ならぬ、大学と地域が連携する長屋学校の底力である。このAlley Mapは、2015年の国際会議Walk21の国際コンテストに応募したところ、Advocacy Campaigning and Social Projects（擁護運動と社会活動）部門の受賞作品に選ばれた。学生たちはオーストリア・ウィーンでの表彰式と発表会に参加した（図4.5）。

■海外大学教員・学生の来訪と交流

　2015年4月からTsukishima Alley Mapのことをインターネットなどで広報し始めたところ、早速、海外からの視察依頼が舞い込んできた。最初は米国ミシガン大学のJapanese Studiesの教員と学生15名が来訪。多くの米国大学生が来るということで、本学からも6名の学生が対応した。佃島と月島を歩いて見てまわり長屋学校

図4.3　長屋学校住民メンバーと本学学生との交流。交流を通じて、まちづくりの新しいアイデア、具体的なプロジェクトが生まれる

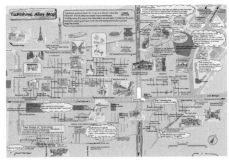

図4.4　Tsukishima Alley Map。本学学生と長屋学校住民メンバーの日英翻訳家が連携して製作

図4.5　国際会議Walk21のコンテストで受賞し、6名の大学院生がウィーンでの国際会議で発表した

図4.6　本学学生たちは、来訪する海外大学教員・学生をWalking Guide Bookを使いながら英語で案内している

へ。最後はもんじゃ焼き店で懇親会。その後2015年だけでも米国カリフォルニア大学の教員と学生たち、米国ユタ大学の教員と学生たちが来訪。本学の学生たちは引き続き対応したが、しっかり準備しておかないと英語で説明できないということで、2016年にTsukishima Walking Guide Bookを製作した。このガイドブックは10の視点から月島のまちを紹介するものである。その後も米国ワシントン大学の教員と学生たちなどが毎年来訪しているが、本学の学生たちは、このガイドブックを使って英語で対応・説明している（図4.6）。

■オープン長屋

　長屋学校はすでに様々な成果を収めていたが、「月島の魅力と長屋学校の社会的認知度をもっと高めよう！」という学生が、誰でも長屋学校の建物内を見ることができて長屋学校メンバーからも話を聞ける「オープン長屋」を企画した（図4.7）。学生と長屋学校住民メンバーの連携で、2017年2月から6月にかけて計12回開催したところ、合計で75名の参加者があった。参加者へアンケート調査を行ったところ、全員が「佃島・月島の歴史や文化に触れることができた」「歴史ある佃島・月島の地域社会が理解できた」ということでオープン長屋に満足していた。

　長屋学校の社会的認知度が充分に高まったとはまだまだ言えないが、このような取り組みを今後も継続することの意義と効果は確かめられた。住民メンバーは、今後もオープン長屋を開催したいと考えている。

図4.7 オープン長屋。多くの参加者があり、長屋学校の認知度が高まった。今後も定期的に開催する予定

図4.8 こどもみちおえかきイベント。子どもと一緒に若い世代が多く参加した。予想を遙かに上回る大盛況ぶりだった

■こどもみちおえかき

　2017年には、「長屋学校への来訪者はシニア世代が多く、30～40代といった若い世代のかかわりを増やして行く必要がある」と指摘した学生もいた。この学生は、長屋学校住民メンバーとアイデアを練った結果、道路にお絵かきする「こどもみちおえかきイベント」を開催することになった（図4.8）。子どもを通じて保護者である若い世代を呼び込むという発想だ。地元町会からも、アドバイスに加えて、イベント当日も器具の貸し出しや人的支援等を受けた。学生・長屋学校住民メンバー・地元町会などの連携イベントであった。

　イベントは2回開催した。9月に開催した第1回は80名の参加者、11月に開催した2回目は67名と、両日とも多くの参加者があり大盛況だった。参加者へのアンケート調査の結果、若い世代のLINEやSNSによる情報拡散によって参加者が多くなったことが分かった。またイベントに対する評価は高かったが、参加者と長屋学校メンバーなどとの交流を促進する工夫が必要であることが分かった。

■リノベーションと連携で「新しいコミュニティ」をつくる

　今後、急増すると予想されている空き家を、長屋学校のような「地域拠点・まちづくりハウス」としてリノベーションし、大学と地元住民が連携して運営することで、新旧の住民が集う場となり、「新しいコミュニティ」ができることになる。

4.3　サテライトラボ上尾

　UR都市機構の「原市団地（埼玉県上尾市）」は総戸数1582戸の賃貸住宅で1966年に入居が始まった。芝浦工業大学大宮キャンパスが原市団地から約2キロの距離と近いこともあり、団地の住民である高齢者の健康増進のためのウォーキングマップづくりやウォーキングイベント、コミュニティガーデンづくりなど、2011年度から大学として様々な高齢者支援に取り組んできた。2013年度からは大学COC事業採択を契機に、原市団地の空き店舗を活用した大学研究拠点「サテライトラボ上尾（図4.9）」として、埼玉県としては初となる学外の大学研究施設を2014年1月に開設。自治体やUR都市機構、地域住民や企業、社会福祉協議会や地域包括支援センター、各種市民団体など多様な組織と連携成長し（図4.10）、高齢者の多い居住者と若い学生がコミュニケーションを重ねながら地域の課題解決に向けた実証実験を試行するとともに、原市団地及び周辺地域居住者のコミュニティ活動の拠点として取り組んでいる。

■地域社会に貢献できる教育研究機関

　本学大宮キャンパスにとっては原市団地と同規模で同時期建設の「尾山台団地」が立地的には適していたが、自治会加入率が約4割（他の団地は約7割）と低く、また住民活動が活発でない原市団地の支援依頼の相談がUR都市機構からあったことで、サテライトラボはセンター地区にあった3つの空き店舗のうちの一つに入居した。なお、賃料はUR都市機構の協力により半額で、残りはCOCや大学の地域活動

図4.9　サテライトラボ上尾は、各種団体と連携して教育・研究・交流の場として活用される

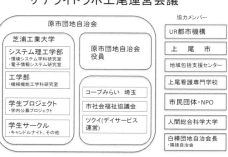

図4.10　サテライトラボ上尾の取り組み体制

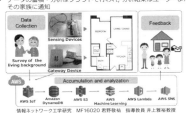

図4.11　スケルトンで借り受けた店舗は、壁紙、床、ガラス戸、照明、その他設備まで学生たちによる手作りによるものが大半

図4.12　宅内行動と生活背景を考慮した認知症早期発見システム（大学院生の修士論文）

予算（FDSD）を活用している。

　開設からすでに地域貢献を期待されていたのである。ちなみに、ラボ入居後は社会福祉協議会原市団地支部が空き店舗に入居し、もう一つの空き店舗はコープみらいが倉庫として借りることにより、ラボ入居を契機に空き店舗は解消されている。

　教育研究機関として、地域との連携強化を図った学部や大学院のPBL計画・設計演習を行い、地元に採用されるレベルを目標とした原市地域の改善提案を行うよう、より実践的な教育プログラムとして発展させ学生の教育効果を高めている。地元と触れ合うことで学生レベルの提案で満足してはならないことを学生は実感するのである。

　学外の地域活動拠点をベースとした4年間の研究実績としては、卒業論文12件、修士論文6件があり、実社会に役立ちそうなテーマが数多い。2017年度からはシステム理工学部電子情報システム学科井上研究室で、上尾看護専門学校や社会福祉協議会の協力のもと、自宅にセンサを設置して生活行動のデータ分析を行う「高齢者の認知症早期発見システムの研究（図4.12）」が行われるなど、学内としても他学科連携のラボとして機能している。留学生による「高齢者住宅団地の社会資本に関する研究」など高齢化社会改善モデルとしての研究が進められ、また国際会議でも注目されている。個人の生活に入り込む研究も多く、自治会との強い連携とラボの活動実績が評価されていることもありモニター協力者がいることは研究機関として心強い。

■防災教室や親子環境教室

　システム理工学部環境システム学科の防災系中村研究室と自治会による団地の防災教室の開催と上尾看護専門学校や各市民団体・企業と連携した大掛かりな防災訓練の実施により、ラボ設置を契機に住民の意識向上が飛躍的に高まっている。また、環境系中口研究室と民間のコープみらいが連携して、小学生と保護者とともに体験型環境教育プログラム「親子環境教室」を2014年から続けている。これは民間と大学の連携により地域活動を行っている例であり、様々な主体との連携が同時多発的に展開している。

■原市カフェといきいき相談室

　生活機能が自立した高齢者がコミュニティサロンに参加すると要介護認定比率が約1/2になるとの研究報告（「先進事例に学ぶ団地を元気にするガイドブック〔図4.13〕」平成28年度厚生労働省老人保健事業推進費補助金　三菱総合研究所より）もあり、高齢者が集う「コミュニティカフェ」が、大学院演習授業で学生から提案された。この案は地元原市団地自治会ではなく隣接する白樺団地自治会が「カレーカフェ」として採用実行して定期開催に至っている。そしてその効果を確認すると、地域活動が低迷する原市団地に出向いてサテライトラボを活用した「原市カフェ」が提案され、社会福祉協議会や地元ボランティア、芝浦工業大学都市計画系作山研究室の学生とともに毎月開催されるようになった。対象団地だけでなく隣接

図4.13　厚生労働省の老人保健健康増進等事業・団地における介護予防モデルに関する調査研究事業「先進事例に学ぶ団地を元気にするガイドブック」で先進事例として紹介されている

図4.14　月一度の原市カフェを楽しみに集まる高齢者が多く、各種イベント時には多世代が集まる

コミュニティとの協力による取り組みは、これまで想定していなかった画期的システムともいえる。ここでは地元住民協力のもと学生が石窯で焼いた本格的なピザを低価格で提供し、日頃高タンパクなものを口にしない高齢者でも毎月50枚近く売れる名物になっている。

「いきいき相談室」は医師・薬剤師・理学療法士・管理栄養士・歯科衛生士・保健師・心理カウンセラーなどの多職種の専門家のNPO団体が、2015年10月から毎月（現在は季節ごと）開催される出張健康相談室で、体組成計で筋肉量・脂肪量の計測などの健康管理や個別相談、健康講座などをボランティアで行っている。原市カフェとの同時開催により相乗効果が見られている。

■残された課題と新たな挑戦「屋台によるコミュニティデザイン」

子供会が解散してしまった原市団地では、自治会役員の次世代なり手を見つけることが難しくなり、子どもと親の参加イベントの企画が必要となっている。また、高齢者を中心とする男性参加者が少ない問題を解決するための新たな挑戦が始まった。上尾市内の西上尾第一団地では「居酒屋テル」というアルコール飲料を出すサロン活動が成功しており、その分析に基づき原市団地では、2018年度から屋台を活用した「原市居酒屋」を夕方にはじめることとなった。8月から開催したところ、男性独居高齢者の方々から今後も続けてほしいとの強い要望がある。また、昼間のイベントとして子ども向けに綿菓子やかき氷、流しそうめん、駄菓子屋屋台などを企画して実行しており、男性参加を促進したコミュニティの活性化と次世代の地元人材発掘育成を試みている。

図4.15　グローバルPBLのマレーシア留学生がサテライトラボを見学し、石窯ピザ作りに挑戦

図4.16　屋台を活用した子ども向けイベント。流しそうめんは子どもから大人まで楽しめる。ドライミスト付屋台は世界初

第4章　大学と地域が出会う『地域活動拠点』

■様々な主体と大学が連携して課題解決に取り組む

サテライトラボのような地域活動拠点が存在することによって地域から感じるメリットは大きく3つあり、1つめは大学という教育研究機関が関わることで活動の信頼性が確保できること、2つめに研究の一環として様々な先進的なまちづくり実証実験を試行でき生活環境の改善につながること、3つめに若い学生達が高齢者や子どもなど多世代と触れ合うことで地域活動が活性化することである。

大学や学生サイドとしても、大学にとってはそれまでのラボの実績と信頼から様々なモニタリングを行える貴重な実証実験の場として活用できること、学生にとっても現場の生の声を聞けることで、より実践的な計画の立案がもとめられるとともに効果がすぐ把握できるため、地域貢献を実感できる高いレベルのサービスラーニングを体験できる。また、大学としても学部学科を超えた研究室の参画、地元住民・自治体・企業・団体など様々な主体との連携による活動は、複雑な社会問題を改善するための研究や活動につながる可能性を秘めている。

4.4 ふじのきさん家とすみだテクノプラザ

■ふじのきさん家

東京都墨田区の北部地域には、地震による倒壊の危険性と火災延焼の危険性が高い木造建築物が密集するエリアが拡がっている。2013年4月、こうした地域の一角、東武スカイツリー線の曳舟駅の近くに、「ふじのきさん家〜ひきふね寄合い処〜」がオープンした（図4.17）。

近年、地震や火災に弱い老朽化した木造建築物を建て替えるだけでなく、改修によって耐震性と防火・耐火性を高める技術が進展してきている。ふじのきさん家は、地域住民、専門家、地域企業、区の協働体制で、東京都の助成金、各種企業からの物的支援、各種専門家の人的支援などを得て、古い木造2階建ての空き家を防火・耐震化改修して作り上げた小さなコミュニティスペースである。誰もが見学できる木造建築物の防火・耐震化改修のモデルルームであり、ひとり暮らしの高齢者など、地域の多様な人々が気軽に交流できる地域の寄合い処でもある。建物の老朽化が予想以上に進んでいたことから、当初の見込み以上に改修費用がかかったが、不足する資金については、地域の金融機関からの融資を受けることもできた。場所がふじのき公園の近くにあり、藤の花が"歓迎"を意味していることから、親しみをこめて"ふじのきさん家"と命名された。

図4.17　ふじのきさん家。墨田区東向島の築50年以上の木造2階建ての空き家を改修。防火・耐震化改修のモデルルームであり、地域の人々が気軽に交流できる寄合い処である。1階はカフェ、2階は多目的スペースになっている

　ふじのきさん家の運営主体は、NPO法人「燃えない壊れないまち・すみだ支援隊」である。しかし、実際には、NPO法人の枠を超えて、町会をはじめとする地域住民、個人で応援する専門家（まちづくり系、建築系、福祉系、デザイン系など）、大学の教員と学生、行政（墨田区）職員など、まさに"寄合い"体制の運営でまかなっている。オープン2年後の2015年7月には、1階部分をカフェスタイルに改装し、「ふじのきカフェ」としてリニューアルした。以後、地域の防災対応力を高めるネットワークづくりを進めるため、防災講座、高齢者向けの講習会、無料建築相談、料理づくり、歌会、読み聞かせなど、幅広いプログラムを継続的に実施している。

　本節の筆者（中村仁）は、まちづくりコンサルタントとして、2012年に芝浦工業大学に赴任する前から、ふじのきさん家の所在する地区（東向島2丁目と4丁目の一部地区で、「東向二四地区」と称する）のまちづくり活動に関わっていた。その関係もあり、2012年度以降も、大学の研究室として東向二四地区のまちづくりとふじのきさん家の活動の支援を継続している。研究室には、学部4年生から大学院生が所属しているが、ふじのきさん家の支援では、特に大学院修士課程の学生が大活躍をした。

　2015年度に修士課程を修了したHさんは、ふじのきさん家がオープンした2013年度に学部4年生として研究室に入り、以後、3年間にわたり継続的にふじのきさん家の活動に関わった。Hさんが修士課程2年生のときは、研究室の後輩とともに地域

住民と何度も話し合い、地域の特性をいかしたオリジナルの「防災マップ」を完成させた（図4.18）。

Ⅰさんは、2015年度に学部4年生として研究室に入り、2年先輩のＨさんとともに活動に取り組んだ。卒業論文では、ふじのきさん家に関わる専門家や行政職員の協力を得て、「防火・耐震化とバリアフリー・省エネ化を考慮した木造建築物の改修ガイドライン」試行版（案）を作成する研究をまとめた（図4.19）。ガイドラインはあくまでも試案であるが、その内容は建築系や福祉系の専門家にも注目され、PDFで配布した。

Ⅰさんは、さらに修士課程に進学し、2016年度には自らが代表となって学生プロジェクト「すみだの'巣'づくりプロジェクト」を立ち上げた。活動の目的は、学生が墨田区において防災を意識したまちづくり活動を行うことで、地域の様々な関係者による多彩なネットワークを構築し、防災を含めたまちづくりを持続可能にしていくことである。大学の選考委員会において、地域の活性化を図る「社会貢献部

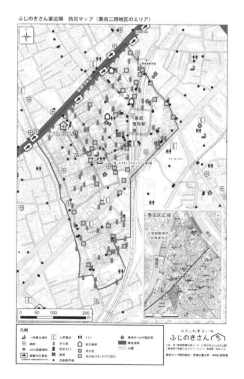

図4.18　東向二四地区の防災マップ。行政が作成する防災マップには記載されていない地域の細かな情報も記載されている

72　第Ⅱ部　プロジェクト

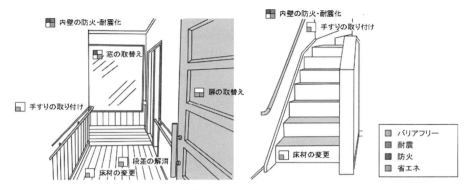

図4.19 防火・耐震化とバリアフリー・省エネ化を考慮した木造建築物の改修ガイドライン試行版（案）の内容の一部（場所別ポイントの例）

門」活動に選ばれ、活動費の助成を受けた。学生プロジェクトができたことで、それまでの研究室単位での活動支援を超えて、様々な学科、学年の学生数十名が、継続的に活動する体制に発展した。

■すみだテクノプラザ

　Ｉさんらが学生プロジェクトを発足した背景には、もうひとつの理由がある。芝浦工業大学が、2016年4月に東向島2丁目にオープンした「すみだテクノプラザ」の存在である。

　すみだテクノプラザは、東京東信用金庫の本店4階のフロア全体の提供を受けて設置された芝浦工業大学の地域連携拠点である（図4.20）。墨田区をはじめとした城東地域（東京23区東部）は、古くからのものづくり産業が蓄積し、また、防災に対する先進的な取り組みも盛んな地域である。すみだテクノプラザは、まちづくり、ものづくりの新たな展開を図る拠点となることを狙いとしている。

　なぜ、東京東信用金庫の本店の4階なのか？　実は、東京東信用金庫と芝浦工業大学は、江戸っ子1号プロジェクト（第7章参照）の成功などを通じて連携を深めていた。東京東信用金庫は、本店にあった本社機能の他店への移転に伴い、本店のフロアに空きスペースが生じたため、社会貢献として、関係の深い大学にフロアを提供したいとの意向をもっていた。芝浦工業大学はその意向を受け、すみだテクノプラザの開設が実現した。

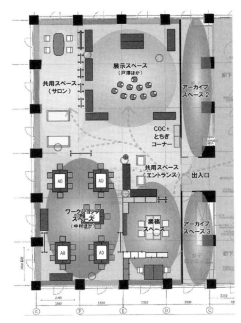

図4.20　すみだテクノプラザ。墨田区東向島の信用金庫の本店4階フロアの提供を受けて設置された芝浦工業大学の地域連携拠点

　すみだテクノプラザの運営は、大学の研究室と研究推進室（事務局）が共同で行うこととなり、従来から活動をしていた中村研究室も運営の一端を担うことになった。光熱費のみを大学が負担し、賃料は無償である。実は、ふじのきさん家の改修資金の融資に協力してくれた金融機関こそ、まさに東京東信用金庫であり、地域に根差した金融機関の役割の重要さを再認識したしだいである。

　すみだテクノプラザは、地域企業との共同研究の成果パネルの展示、大学のまちづくり系の演習授業（巻頭カラーページ参照）、大学と連携している企業・行政・住民などとの会議・打合せ、大学支援ベンチャーのサテライトオフィス、産学官連携コーディネーターによる技術相談の場として機能している。大学の学外施設が目に見えるかたちで設置されたことで、地域住民や関係団体に対して、芝浦工業大学の地域連携の"本気度"を示すことにもつながった。

■防災遠足と防災観光ふろしき
　Iさんら学生プロジェクトのメンバーは、ふじのきさん家に加えて、すみだテクノプラザという新たな拠点を得て、活動の幅を広げていった。特に、学生が主体と

図4.21　防災遠足。遠足を楽しみながら、災害時の避難場所や危険な場所を確認するイベント。学生プロジェクトが地域関係者の協力を得て企画・実施。高齢者から小学生まで幅広く参加している。車椅子での避難では、多少の勾配や段差でも非常に大変なことを体験

第4章　大学と地域が出会う『地域活動拠点』　75

なることで、都市計画、建築・土木系の枠組みを越えて、地域福祉を担う高齢者みまもり相談室、高齢者支援総合センターなどとの連携も深まっていった。

　その大きな成果が、2016年10月に実施した「防災遠足」である。防災遠足とは、災害時の避難場所や危険な場所を遠足として楽しみながら確認するイベントである。楽しく学んで災害に備えることを目的に、学生プロジェクトが地域関係者の協力を得て企画・実施した。防災遠足の当日は、高齢者から小学生まで50名程度の参加を得て、スタート地点の災害時の一時集合場所から広域避難場所まで、約2キロの遠足を行った。防災遠足はマスコミにも紹介されるほどの大きな話題となり、その反響を受けて、2017年度からは、地域の関係者で防災遠足運営会議を発足して、例年実施している。運営会議のメンバーは、広域避難場所を管理する東京都公園協会、地域の福祉系団体、NPO、東京青年会議所、地元企業などで、地域の町会・自治会、市民団体、墨田区防災課などの協力も受けている。もちろん、運営会議の事務局は、学生自身が担っている（図4.21）。

　学生プロジェクト「すみだの'巣'づくりプロジェクト」のもうひとつの特筆すべき成果が、2018年6月に完成した「防災観光ふろしき」である（図4.22）。防災マップを作成しても日常的には活用されない。防災観光ふろしきは、日常的には風呂敷や観光マップとして使いながら、非常時には防災マップ、三角巾などとして活用することを意図したものである。地震・火災時の避難経路、避難場所などの情報だけでなく、河川氾濫時の浸水深など水害に関する情報も記載されている。観光マップ

 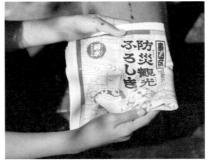

図4.22　防災観光ふろしき。日常的には風呂敷や観光マップとして使いながら、非常時には防災マップ、三角巾、バケツなどとして活用

としては、文化的・歴史的な場所などの地域の魅力が記載されている。超撥水性の布を用いているタイプでは、バケツ代わりに水を運ぶこともできる。

　防災観光ふろしきは、学生プロジェクトのメンバーが、NPO燃えない壊れないまち・すみだ支援隊のメンバーと一緒にアイデアを考え、力をあわせて実現したものである。制作資金を募るために、クラウドファンディング「WonderFLY」（全日本空輸株式会社運営）に応募し、Creative Awardを受賞した。クラウドファンディングで不足する資金については協力企業を募り、完成に至った。

　学生プロジェクトは、防災観光ふろしきを使った特別授業を地元小学校で開催し、防災教育のモデルケースとしての活動も開始した。授業では、超撥水性の防災観光ふろしきで水を運ぶリレーや、防災に関するクイズも行っている。防災観光ふろしきの取り組みもマスコミに注目され、新聞、ＴＶ、ラジオなどで紹介された。

4.5　学外の地域活動拠点の意義と可能性

　大学キャンパスとは別の場所（学外）に設ける地域活動拠点には様々なタイプがある。月島長屋学校、ふじのきさん家は、木造の空き家を改修して活動拠点として活用している事例である。サテライトラボ上尾、すみだテクノプラザは、事業者との連携により空き店舗や空きフロアを活用して活動拠点を創出した事例である。いずれも大学教員と地域関係者との個人的なつながりがきっかけとなっている。しかし、物理的なスペースとしての活動拠点が完成した後に、実際にそのスペースを活用する段階では、学生が大きな役割を果たしている。大学教員が学外の活動拠点に身をおいて活動できる時間は限られている。地域活動拠点を継続的に運営していくうえでは、学生が"自発的に"地域の様々な関係者と連携した活動を展開していくことが不可欠である。

　それでは、学生の自発性はどこから生じるのであろうか？　その問いに答える意味で、本章のまとめとして、学外に地域活動拠点を設けることの意義と可能性を、教育、研究、社会貢献の面から整理したい。

■教育として
　学生はキャンパス内で活動していると、学校という特別な場にいるという意識がどうしても生じてしまう。しかし、学外ではそうした意識は通用しない。学外の地域活動拠点で演習授業などを行うと、学生は現場の状況、問題、課題を直接把握す

ることができ、地域に役立つ実践的な提案をすることが可能となる。また、提案を実践して効果を検証することも容易となり、高いレベルのサービスラーニングを実現できる。学外の地域拠点において学生が地域の関係者と直接触れ合いながら主体的に活動に関わることで、学生自身が大きく成長していく。同時にそれが地域への貢献にもつながっていく。

　また、学外に地域活動拠点があると、学生の活動が研究室単位を越えて発展しやすくなる。活動内容に幅が出ると同時に、先輩から後輩に引き継がれることで活動の継続にもつながっていく。

■研究として

　研究面での効果として、学外に地域活動拠点があると、先進的なまちづくりの実証実験を試行しやすくなる。大学と地域関係者との信頼関係が高まることによって、通常であればプライバシーの問題から嫌厭されるようなアンケート調査、モニタリング調査などの研究に対して地域住民などの協力を得ることも容易となる。研究成果を地域に還元することで、地域住民の生活環境の改善にもつながっていく。

　また、学外の地域活動拠点の場を活用することによって、地域の関係者がわざわざ大学キャンパスに足を運ばなくても、多様な関係者が連携した新しいテーマの研究を実施しやすくなる。研究室の枠を超えて、地域住民、地域団体、企業、自治体など様々な関係者が連携することで、容易には答えを見出すことができない地域の様々な課題を解決する研究につながる可能性を秘めている。

■社会貢献として

　大学がキャンパスを飛び出して地域活動拠点を設けることで、大学の取り組みの真剣さ、本気度が地域に伝わる。上述の教育面、研究面での成果は、学外に地域活動拠点があると地域への成果還元が容易になり、それが目に見えるかたちでの社会貢献につながっていく。大学が直接的に地域に関わることで、多様な主体が連携する地域活動の社会的な認知度、信頼性が高まる。そして、活動の内容も深化あるいは多様化していく。何よりも強調したいことは、若い学生が高齢者や子どもなどの多世代と触れ合うことで、地域活動が活性化することである。地域における人々の新しいつながり、いわば「新しいコミュニティ」を醸成する場になる。学生は自らの活動に大きな手ごたえを感じ、それが学生の自発的な活動の源泉になっていくのである。

第5章

国際交流と地域連携の連動による教育、研究、社会貢献の融合パッケージ

地域現場主義　グローバル・ローカル　見える化

学びを通して都市の魅力を再発見する

5.1　芝浦アーバンデザイン・スクール

　芝浦アーバンデザイン・スクール（Urban design school）は2012年度から2018年度の7年間、デザイン工学科建築・空間デザイン領域が3～4年生向けに国際交流と地域連携を交えて行った、建築都市デザインに関する教育、研究、社会貢献の一連の活動（以下、本活動）をいう。多彩な学びが連動し融合する場（School）が誰にも開かれるよう、まちづくりの国際用語（Urban design）を用いた。ホームページなど発信媒体には次のように定義した（図5.1）。

　「芝浦アーバンデザイン・スクールは大学と地域が連携して都市の魅力を再発見・再検討するプロジェクトである。環境保全、安全安心、持続経済など都市のあり方と建築の意味がいま改めて問われている。教育、研究、社会貢献の3つの学びを通して建築、都市、地域の未来を探る。開かれた場になるようにまちづくりの国際用語アーバンデザインUrban designを用いている。」

　教育、研究、社会貢献は大学の三本柱である。教育はカリキュラムに則る授業、

図5.1（上）　芝浦アーバンデザイン・スクールの仕組み：教育、研究、社会貢献を通して建築、都市、地域の未来を探る
図5.2（右）　発祥の地、東京都港区芝浦にたつ芝浦工業大学芝浦キャンパス

研究は教授または研究室、社会貢献は教授や学生の自発というように、それぞれ独立して行われると相乗効果を逃すばかりか、干渉や衝突を招くことさえある。

　一方、流動化と多様化が世界的に進む今日、大学には国際交流と地域連携の双方が求められる。インターネットで世界と瞬時につながる前者と、一定のコミュニティと密につきあう後者は、通常接点を持ちにくい。現代の大学は従来の産学連携や官学協働のような対面関係に加えて、地元から国内外まで硬軟兼ねて幅広いネットワークに身を置く必要に迫られている。

　本活動を行ったデザイン工学科建築・空間デザイン領域は１学年定員40名、１〜２年生は埼玉県さいたま市大宮キャンパス、３年生は東京都港区芝浦キャンパス（図5.2）、４年生は芝浦キャンパスまたは江東区豊洲キャンパスで修学する。本活動はキャンパスのあるさいたま市と東京都港区に加え、指導教員の研究対象である千葉県柏市と連携して複数年度に渡って行った。次の５つのプログラムで教育、研究、社会貢献、国際交流、地域連携の連動・融合を図った。

①地域に実在する建築物の保全再生計画演習
　　３年後期に原則全員が履修する科目で、地元の自治体と企業がそれぞれ管理する実在の建築物を題材に、建築保全再生計画の演習を行った（教育、地域連携）。日本語と英語を併用し、留学生が履修した（国際交流）。学生が作成した図

面と模型を地元行事に出展し、成果を地域社会と共有した（社会貢献）。

②地域の課題に応じるフィールドワーク

　4年前期に一部の研究室が行うフィールドワークで、キャンパスのある自治体や指導教員が研究する地域を取り上げた（教育、研究、地域連携）。行政機関やまちづくり組織と事前に相談し、地域が抱える問題からテーマを設定した（社会貢献）。ここで得た資料や知見を次述の国際ワークショップに用いた（国際交流）。

③海外協定大学との国際ワークショップ

　3～4年前期に希望者が海外協定大学と双方向の国際ワークショップに参加した（教育、国際交流）。海外協定大学を受け入れた際、キャンパスのある自治体や指導教員が研究する地域を取り上げた（研究、地域連携）。行政機関やまちづくり組織と事前に相談し、地域が抱える問題からテーマを設定した（社会貢献）。

④公開講座

　大学または行政機関や市民団体が主催する公開講座に教員が出講し、研究成果を講義した（研究、社会貢献、地域連携）。大学主催の公開講座を学生が聴講し、運営を補助した（教育）。市民と学生と教員がともに学ぶ機会となった。

⑤展覧会、シンポジウム

　上記の過程と成果を展覧会、シンポジウム、ホームページ、冊子で公開した（教育、研究、社会貢献、国際交流、地域連携）。

　本活動は本書の眼目である文部科学省2013～17年度「地（知）の拠点整備事業（大学COC事業）」とともに、芝浦工業大学が同じく実施する文部科学省2012～13年度「グローバル人材育成推進事業」、2014～23年度「スーパーグローバル大学等創成事業」の一環として実施した。海外協定大学との間の学生短期受入れと学生短期派遣に、独立行政法人日本学生支援機構の海外留学支援制度を用いた。

　2015年度までの成果は「建築都市計画PBLにおける国際交流と地域連携の連動を通した教育・研究・社会貢献の融合」として、公益社団法人日本工学教育協会から第20回（2015年度）工学教育賞（業績部門）を受賞した。

5.2　地域に実在する建築物の保全再生計画演習

　3年後期の建築都市デザイン演習（科目名：プロジェクト演習8）後半7週で芝浦キャンパスのある東京都港区芝浦地区（以下、芝浦地区）に実在する建築物の保

全再生計画を出題した。この演習は卒業研究の着手条件となる実質的な必修科目である。毎年度デザイン工学科建築・空間デザイン領域３年生40～50名全員がこの演習を履修し、同領域の教員４～６名全員と非常勤講師２名が指導した。

2014年度から日本語と英語を併用し、2014年度ブラジルから２名とフランスから１名、2017年度フランスから１名、ロシアから２名、タイから１名の留学生が履修した。2017年度は中国からの大学院留学生がティーチングアシスタント（TA）を務めた。学生の作品を学期末と年度末に地域の行事や施設に出展して公開した。

必修の演習科目に地元の題材と留学生の参加を得たことにより、多くの学生が地域連携と国際交流を短期間で能動的に体験した。学生の自由な発想と精魂込めた図面と模型が、住民や地域関係者に新鮮な視点と感動をもたらした。

■港区指定文化財　近代木造建築

2012～15年度この演習は戦前1936年花街の見番として建てられて戦後港湾労働者の宿舎に転用された「旧協働会館」を題材とした（図5.3）。2009年港区が文化財に指定、延床440㎡の総２階建て、トラス構造の洋小屋を頂く、当時としては大規模な近代木造建築である。管理者の港区役所と相談してテーマを設定、所轄の同区芝浦港南地区総合支所に協力を仰いだ。

第１週現地内覧、第２週縮尺1/30軸組構造模型（図5.4）とデジタル製図、第4週中間発表、最終第７週縮尺1/50模型とＡ１判パネルの提出発表、というように進めた。

図5.3（左）　戦前花街の見番として建築され、港区が文化財に指定した近代木造建築「旧協働会館」を設計演習の題材に用いた
図5.4（右）　旧協働会館の軸組を縮尺30分の1の模型で再現した

3年度目が終わった2015年2月港区芝浦港南地区総合支所が『旧協働会館保存・利活用のための整備計画』を発表したことから、翌2015年度は隣地にある駐亘場の活用計画に変更して出題した。行政機関と住民団体がこの演習に協力した背景には現実の保全再生計画があった。

■運河沿い築40年鉄筋コンクリート造ビル
　2016〜18年度この演習は引き続き芝浦地区で行い、運河沿いにある築40年鉄筋コンクリート造7階建てビルを題材とした（図5.5）。使用中のビルであることから、現地内覧の案内、関連する特別講義、発表講評会への参加にビル管理会社の協力を仰いだ。学生の作業は2012〜15年度と同じように進めた。運河側の景観や利便性に配慮するよう指導した（図5.6）。
　ちょうどこの演習期間中、住民団体とビル管理会社が共同で、運河を管理する東京都港湾局と折衝した結果、運河の管理通路から直接ビル用地に入れる階段状のテラスが設置された。これまで運河に背を向けて建っていたビルに、運河を意識した増改築を施すことによって、水辺の街並みに新しい魅力が加わった。こうした民間発意のまちづくり運動が、ビル管理会社と住民団体がこの演習に理解協力した背景にあった。大学は地域の建築・空間を教材に用い、住民や地域関係者が大学の成果を参照する。両者の連携は互いに益があると奏功する。

図5.5（左）　　運河沿い築40年鉄筋コンクリート造7階建てビルを題材とした
図5.6（右）　　運河側にテラス付き階段室、屋上に多目的室を増築する案

5.3 地域の課題に応じるフィールドワーク

　2013~18年度研究室ごと4年生が行う卒業研究（科目名：総合プロジェクト）の一環として、キャンパスのある自治体や指導教員が研究する地域でフィールドワークを行った。建築の基礎修学直後の4年前期は、まちづくりの現場や学外の専門家から新しい刺激と知見を得る好機である。その前半に実施するフィールドワークは卒業研究の予行演習となる。

　指導教員はフィールドワークが始まる数ヶ月前に対象地の下見や関係者と意見交換を始めた。4年前期に適するテーマを設定し、この時期繁忙な就職活動と両立する日程を組んだ。

　住民や企業の協力と学生の意欲を継続させるのに、見える化が不可欠である。指導教員が注力すべきはその一点にあるといっても過言でない。演習の過程をホームページで公開し、成果報告会や展覧会を開いた。現地調査、中間報告、最終発表、展示というように、段階的に見せていくのが効果的である。

■東京都港区芝浦地区の建築都市空間調査

　2013~2015年度は前述の建築保全再生計画演習と同じ芝浦地区の建築都市空間の調査を行った。毎年9月と3月に行われる地域行事への出展参加を、同地区の商店会町会連合と港区芝浦港南地区総合支所から誘われたのを契機に調査を始めた。

　芝浦地区は戦前に埋め立てられた内港地区で、運河を介して都市と港湾が混合

図5.7（左）　東京都港区芝浦は都市と港湾が混じり合う独特の界隈である
図5.8（右）　東京都港区芝浦地区の1/1000ジオラマ模型。都市の全体像を把握する

する独特の界隈である（図5.7）。2013年度は縮尺1/1000、畳２帖大の都市模型を作成した（図5.8）。2014年度は地区の全街区について土地利用の変遷、隣接条件、建築、空地を調査してA1パネル６枚を作成した。2015年度は埋め立てと市街化の経緯を追跡してA1パネル４枚と縮尺1/600畳１帖大の都市模型を作成した。

　３年度とも筆者が指導する都市デザイン研究室から４年生と大学院生合わせて13〜14名参加した。事前に発表の場を与えられたことにより、学生の意欲と教員の責任は倍増、想像以上の集中力が発揮された。この調査を通して芝浦地区の都市形成と空間構成に興味深い相関があることを発見し、国際学会で発表した。

■さいたま市浦和美園地区の街並み形成計画

　2016〜18年度フィールドワークはさいたま市浦和美園地区のまちづくりに携わった。同地区のまちづくり組織「アーバンデザインセンターみその」が、市内にキャンパスのある大学にテーマを提供する「みその都市デザインスタジオ」に参加したものである。３月に着手して月末に調査結果、４月末に中間案、５月末に最終案をいずれも現地で行政職員、住民、事業者向けに発表した。

　浦和美園地区は東京都心から25km、埼玉高速鉄道浦和美園駅周辺から埼玉スタジアム2002に至る320haで土地区画整理事業が進む新市街地である（図5.9）。2016年度のテーマは「地域住民にも来街者にも居心地の良いスタジアムアクセス空間」。都市デザイン研究室の４年生10名と大学院生３名が駅とスタジアムを結ぶ中心地区の街並み形成計画を提案し（図5.11）、その最終発表会にはさいたま市長も訪れて、学生たちが市長に提案の説明をした（図5.10）。

図5.9（左）　埼玉スタジアム2002のあるさいたま市浦和美園では土地区画整理事業によるまちづくりが進む

図5.10（右）　学生が市長に浦和美園中心地区の街並み形成計画案を説明した

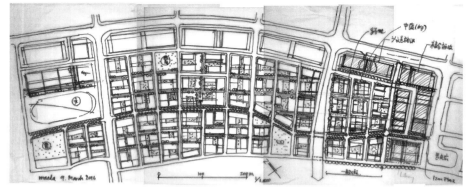

図5.11　街並み形成計画はアーバンデザインの基礎である

■仮設建築空間の計画と竹製街具の試作

　2017年度みその都市デザインスタジオのテーマは「仮設的・暫定的空間利用から紐解く次世代の新市街地デザイン」だった。都市デザイン研究室4年生8名及び大学院留学生1名と構造デザイン研究室4年生5名が土地区画整理事業区域に木造による仮設建築空間を4つ計画し、傘状の竹製街具を試作して使用実験した。

　試作にはアーバンデザインセンターの母体である「みその都市デザイン協議会」と一般社団法人美園タウンマネジメント協会がそれぞれ企画と管理運営、土地区画整理事業担当部署のさいたま市浦和東部まちづくり事務所が設置、埼玉高速鉄道（㈱）と埼玉スタジアム2002公園管理事務所が協力した。地元工務店からなる「さいたま県産木材住宅促進センター」が施工、4年生7名と大学院生1名が施工に参加、浦和美園まつりに出展した。

　浦和美園駅前で使用実験後、同じ土地区画整理事業区域にある当木材住宅促進センターの管理地に移設した。小規模でも提案が実現すると、提案した学生も受け取った地域関係者も報われる（図5.12、5.13）。

■集合住宅の試設計と街並み形成の実験

　2018年度みその都市デザインスタジオのテーマは「スタジアムタウンの理念実現を牽引する未来の集合住宅」だった。都市デザイン研究室4年生8名、構造デザイン研究室4年生6名、環境デザイン研究室4年生1名の計15名が参加した。土地区画整理事業区域の中心地区から選ばれた5区画について、5名1組の3班それぞれが建築ルールを定め、各自1区画ずつに集合住宅を設計した。

図5.12（左）　竹製街具の施工作業に学生が参加した
図5.13（右）　完成した竹製街具。足元にツタ植物を仕込むと可動式街路樹になる

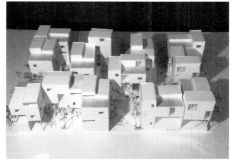

図5.14（左）　樹木や木質パネルによって街並みに自然の風合いをもたらす提案
図5.15（右）　班ごとのルールにもとづいて各自が集合住宅を設計。写真の集合住宅のルールは通り抜け路地と緑化

　3月6日現地調査、4月3日コンセプト報告、5月8日縮尺1/200模型で中間報告、6月5日班ごと建築ルールと各自設計案をA2判パネル2枚と縮尺1/100模型で最終発表、いずれも現地のアーバンデザインセンターで公開して行った。
　学生の建築ルール案は自然の風合い重視など生活者の実感に近く、既往の事例と異なる視点が得られた。指導教員を座長にさいたま市が同年度検討しているデザインガイドラインにこの成果を反映することも考えている（図5.14、5.15）。

5.4　海外協定大学との国際ワークショップ

　2012～2018年度3～4年前期に海外協定大学と双方向の国際ワークショップを

行った。各校学生10名前後が参加し、大学院生を対象とした年度もあった。両校とも教員が1～2名同行し指導した。2012年度ソウルで行った最初のワークショップ以外は独立行政法人日本学生支援機構の海外留学支援制度を用いた。2016年度から科目名「グローバルPBL」を新設し、単位認定した。

　学生は海外の概念構築や設計手法に間近で触れて刺激を受ける。当然ながら英語を使用する。スケッチ、図面、模型など視覚媒体が一定程度を補うが、専門的な議論を展開するには、英語の基礎的語彙と文法、アイデアの言語化、順序立てて伝達する説明力が不可欠である。

　全9回のうち2018年度前期までの6回のワークショップに学部3～4年生延べ57名が参加し、52%にあたる30名が大学院に進学した。これは2016年度芝浦工業大学の大学院進学率33%の1.6倍であり、学生のさらなる研究意欲向上にもつながっているようだ。

①韓国・中央大学〔Chung-ang University（CAU）〕
　同校建築工学部と2012年度前期終了後ソウルで学部3～4年生9名と先方4年生11名がソウル都心近傍に長くある市場街の再生を計画した。この経験を生かし、2014年度前期終了後東京で学部3年生と先方4年生各8名が芝浦地区の運河と沿川空間について活用方法を提案した。
②マレーシア工科大学〔Universiti Teknologi Malaysia（UTM）〕
　同校建築都市環境学部ランドスケープ学科と2015年度前期終了後、マレーシア第2の都市ジョホールバルで学部3年生9名と先方4年生10名が旧市街多民族地区の改善策を検討した（図5.16）。2016年度後期東京で本学大学院生13名と先方4年生9名が芝浦地区周辺に公共空間を計画した。
③タイ・モンクット王工科大学
　　　　　　〔King Mongkut's University of Technology Thonburi（KMUTT）〕
　同校建築デザイン学部と2015年度後期東京で大学院生8名と先方4年生9名が芝浦地区周辺に観光計画を検討した。2016年度前期終了後バンコクで学部3年生11名と先方4年生10名がチャオプラヤ川南岸旧都トンブリ地区の再生を計画した。さらに2017年度前期東京で学部4年生と先方4年生12名ずつが港区立福祉・児童施設の改築を計画した。この12名は都市デザイン研究室と環境デザイン研究室から前述の地域課題フィールドワークの一環として参加した。2018年度前期は東京で都市デザイン研究室4年生8名と先方4年生12名が千葉県柏市の駅前街区

にオフィスを計画した。前期終了後、バンコクで学部3年生11名と先方4年生12名が市場の再開発を計画した。

■ワークショップの進め方

ワークショップの実習期間は最初2012年度ソウルを4日間とした以外は全て8日間とした。初日の顔合わせと対象地視察、中日の中間発表会、最終日の最終発表会を軸に、建築都市見学、キャンパス訪問、担当教員と学外専門家の特別講義、各種交流行事が連日続く。渡航した学生はキャンパス内の学生寮またはキャンパス近傍のゲストハウスに投宿した。終了後両校それぞれ学内報告会または作品集制作を行い、不参加だった学生や教員に様子を伝達した。

期間中は両校混合4～5名のグループで作業、パネルA1判2枚とパワーポイントで発表した。両校学生は共通の作図アプリケーションを使用、スマートフォンの連絡網を瞬時に構築、コンピューターグラフィックスはもちろん、アニメーションや模型も制作した。

■ワークショップの対象

参加大学はどれもアジアの首都または大都市にキャンパスを構える。ワークショップは都心にありながら内港、古い市場、民族混合、高齢化、駅前密集などエアポケットのように取り残された地区を取り上げ、開発と保全という一見相反するテーマを両校学生に考えさせた。東京で行ったワークショップでは、前述の地域課題フィールドワークからテーマを設定した。

モンクット王工科大学と2回目以降のワークショップは学外も巻き込んで行っ

図5.16（左）　マレーシア・ジョホールバル多民族地区のまちあるき調査
図5.17（右）　タイ・バンコクでの作品発表会に行政機関や不動産企業が訪れた

た。2016年度バンコクでの最終発表会は、展覧会形式にして対象地域の行政機関や不動産企業を招いた（図5.17）。2017年度東京では、題材とした港区立施設の運営管理者に事前にヒアリングを実施し、施設内に同居する福祉施設と児童施設の双方から資料提供、視察案内、関連施設見学、発表講評会への参加など協力を受けた。2018年度東京では指導教員が共同研究する柏アーバンデザインセンターの協力を仰ぎ、初日の出題と最終日の発表を現地で行い、行政職員や商工会議所会員が聴講に訪れた。同年度バンコクでは題材とした市場の全面協力を受けた。

5.5　公開講座

　一般的な公開講座は単発で完結するように話題を限定して要点を際立てる傾向がある。本活動で行った公開講座は学生の教育も兼ねて他の活動と関連する題材を取り上げた。2013〜2015年度は大学が主催して学外から講師を招聘し、学生はもとより多くの行政職員や民間専門家が来場した。2016〜2018年度は港区芝浦港南地区総合支所が主催し、教員の講演を港区民が聴講した。大学主催の公開講座が自治体主催の公開講座に段階的に移行した。

■大学主催公開講座

　2013〜2015年度大学主催の公開講座を芝浦キャンパスで9回行った。国内外から講師を招き、筆者が司会、4年生が受付や記録を担当した。社会人が聴講できるように平日午後6時開場、同6時30分〜8時に開講した。大学ホームページで広報し、港区芝浦港南地区総合支所と地元町会商店会の協力も仰いだ。全9回の平均聴講者数は53名だった。テーマを水辺に統一し、地域課題フィールドワークで行った芝浦地区建築都市空間調査と関連づけた。

　2013年度には3回、東京と同じ港町バルセロナの都市再生、東日本大震災（都市部）、近代東京港史を、2014年度には5回、東日本大震災（集落部）、国際ワークショップで来日した韓国・中央大学李政烔教授によるソウルの都市保全、東京湾の水環境、オランダの灌漑技術、東京都港区の自然環境を、2015年度は水路とともに築かれた山形県鶴岡市の城下町を取り上げた（図5.18）。

■学外公開講座への出講

　筆者ら教員が学外の団体が主催する公開講座に出講した。2014年度は1回、筆者

図5.18（左）　大学主催公開講座では学生と市民が一緒に聴講した
図5.19（右）　港区民講座『芝浦港南百景』。東京湾から実際に東京の街並みを見直し、まちの魅力、問題点などを見つける

が東京都港区民の自主勉強会「SACみなと大学」に招かれ、地域課題フィールドワークで行った芝浦地区建築都市空間調査の成果を参照しながら講演した。2015年度は港区芝浦港南地区総合支所主催の区民講座「知生き（地域）人養成プロジェクト」に教員2名が出講、『芝浦百景』と題して基調講演と風景採集の指導を行った。この区民講座は東京湾乗船を加えるなど内容を拡大して2016年度以降『芝浦港南百景』として続いている（図5.19）。

5.6　情報発信

　活動成果を学内や地域行事に出展し、ホームページと冊子に記録して公開した。学生は地域行事に参加することによって、一般市民に訴える図面・模型表現や対面形式の説明を実習することができた。教員はホームページや冊子の編集作業を通して、成果の相対的評価、修得技術の点検、改善方法の検討といったPDCAサイクルがはたらいた。情報発信は副次的に見られがちだが、対外効果と内部改善の両方に効果があり、国際交流と地域連携のように相手があって成り立つ活動にとって本質的な役割を担う。

■大学での展覧会と発表会

　建築保全再生計画演習と地域課題フィールドワークの作品展覧会を芝浦キャンパス玄関ホールで2013年度1回、2014年度2回開催した（図5.20）。大学COC事業の隔年シンポジウムと毎年度末の公開成果報告会に毎回出展参加した。2016年9月富

図5.20（左）　大学の玄関ホールを使った展覧会。一般入場可で、学内関係者以外にも広く成果を見てもらうことができた
図5.21（右）　芝浦運河まつり。研究成果を出展して、学生が来客に説明した

山県立大学が主催した大学COC事業の全国シンポジウムに大学を代表して登壇発表した。2016〜18年度さいたま市浦和美園で行った地域課題フィールドワークと2018年度千葉県柏市で行った国際ワークショップの作品はそれぞれのアーバンデザインセンターに展示した。

■地域行事への出展参加

　建築保全再生計画演習と地域課題フィールドワークで作成したパネルと模型を2013年度から「Bay Area 365 daysベイエリアの1年」、2014年度から「芝浦運河まつり」に出展している。前者は毎年3月港区芝浦港南地区総合支所が主催して当地区各団体の活動を紹介する展覧会である。後者は芝浦地区及び周辺の町会商店会が中心となって毎年9月末にJR田町駅港南口駅前通りと運河管理用通路を歩行者天国にして行うイベントである。本活動はテント1張りに出展、4年生と大学院生が4名駐在して説明した（図5.21）。

■ホームページと冊子の記録

　学生の作品を中心に活動成果を編集してデザイン工学科建築・空間デザイン領域の年報（通称イヤーブック）に掲載して各所に頒布した。国際ワークショップの成果は各回冊子にまとめて各所に頒布した。専用ホームページをインターネット上に設け、教育、研究、社会貢献、国際交流、地域連携を一体で発信するとともに、指導教員自身が逐次更新し、相互の関係を常に点検した。

5.7　まとめ：大学における連動と融合の要点

　以上、建築都市デザインに関する教育、研究、社会貢献、国際交流、地域連携がパッケージのように連動し融合する仕組みと様相を述べた。教育、研究、社会貢献それぞれに国際交流または地域連携を取り入れる例は他にもある。本活動は国際交流と地域連携の連動に特徴があり、それによって教育、研究、社会貢献が融合した（図5.22）。その要因を挙げて本章の結びとする。

①コンパクトな体制

　　活動母体のデザイン工学科建築・空間デザイン領域は1学年の定員が40名、指導教員は4〜6名の比較的小規模なコースである。コンパクトな体制で教育、研究、社会貢献、国際交流、地域連携を連動・融合するにはパッケージが不可欠であり、コンパクトな体制で意志統一が円滑だからこそパッケージが可能だった。

②指導教員の資質

　　指導教員は研究や実務を通して各地の自治体やまちづくり組織、海外の大学や研究者と信頼関係を築いていた。教育、研究、社会貢献、国際交流、地域連携の連動・融合の達成を学生に求める前に、教員が範を示すのはいうまでもない。

③大学の組織的機構

　　学生と教員が学外や海外に出ていくには、資金調達、負担平準、危機管理など、大学が組織的に支援し管理する必要がある。芝浦工業大学では、研究支援、地域連携、国際交流の学内各部署が、学外機関との協議、予算管理、自治体との協定締結、海外協定校への派遣・受入れの手続きを担った。産学官・地域連携の特任で雇用したコーディネーターの貢献も大きかった。

図5.22　国際交流と地域連携の連動を通した教育、研究、社会貢献の融合のイメージ図

図5.23　本活動の一覧

年度	建築保全再生演習（5.2）	地域課題フィールドワーク（5.3）	国際ワークショップ（5.4）	公開講座（5.5）	情報発信（5.6）
2012	港区指定文化財木造建築：履修生41名	—	8/8-12韓国ソウル：学部3-4年生9名+CAU4年生11名	—	—
2013	港区指定文化財木造建築：履修生37名	港区芝浦建築都市空間調査4年生13名・大学院生1名		大学主催：11/28阿部大輔『バルセロナの都市再生』12/5三宅諭『東日本大震災復興の計画と現状』12/12川西崇行『東京港と芝浦の歴史』	1/25-29学内展示 3/21港区芝浦港南地区総合支所主催BayArea365
2014	港区指定文化財木造建築：履修生49名・留学生3名	港区芝浦建築都市空間調査4年生12名・大学院生1名	8/21-29東京：学部3年生8名+CAU4年生8名	大学主催：6/26窪田亜矢『リアス式海岸集落の復興デザイン』8/22李政烔『韓国の保全型まちづくり』10/2佐々木剛『水辺の文化教育論』10/9原祐二『灌漑技術と景観アジアとオランダ』10/16守田優『港区の自然と水環境』SACみなと大学主催：10/4前田英寿『みなととまち』	5/31-6/14学内展示 9/28芝浦運河まつり 1/24大学主催シンポジウム『大学とまちづくり』1/16-29学内展覧会 3/21港区芝浦港南地区総合支所主催BayArea365ベイエリアの1年
2015	港区指定文化財木造建築：履修生47名	港区芝浦建築都市空間調査：4年生13名・大学院1名	9/4-11マレーシア：学部3年生9名+UTM3年生10名 12/12-19東京：大学院生8名+KMUTT4年生9名	大学主催：11/12高谷時彦『城下町鶴岡の建築とまちづくり』港区芝浦港南地区総合支所主催『芝浦百景』11/14桑田仁・12/19前田英寿	9/27芝浦運河まつり 10/10大学主催シンポジウム『大学とまちづくり・ものづくり』3/19港区芝浦港南地区総合支所主催BayArea365
2016	芝浦運河沿い築40年ビル：履修生43名	浦和美園街並み形成計画：4年生10名・大学院生3名	9/4-13バンコク：学部3年生11名+KMUTT4年生10名 11/12-19東京：大学院生13名+UTM4年生9名	港区芝浦港南地区総合支所主催『芝浦港南百景』6/4桑田仁・6/25前田英寿・10/15前田英寿+桑田仁	9/25芝浦運河まつり 9/26富山県大主催大学COC全国シンポジウム 3/11-20港区芝浦港南地区総合支所主催『ベイエリアの1年』
2017	芝浦運河沿い築40年ビル：履修生41名・留学生4名	浦和美園仮設建築と竹製街具：4年生13名・留学生1名	7/3-10東京：学部4年生12名+KMUTT4年生12名	港区芝浦港南地区総合支所主催『芝浦港南百景』6/3桑田仁・6/27前田英寿・10/28前田英寿+桑田仁	10/1芝浦運河まつり 10/31大学主催シンポジウム『大学とまちづくり・ものづくり』3/24-28港区芝浦港南地区総合支所主催『ベイエリアの1年』
2018	芝浦運河沿い築40年ビル：履修生53名	集合住宅モデル設計と街並み形成実験：4年生15名	7/10-17東京：学部4年生7名+KMUTT4年生12名 8/4-11バンコク：学部3年生11名+KMUTT4年生12名	港区芝浦港南地区総合支所主催『芝浦港南百景』6/2桑田仁・6/30前田英寿	

第6章

地域現場主義 | システム・デザイン | まちもの連携

地域社会における先端技術（ロボット）の活用

東京ビッグサイトでのロボットの公開展示・実演

6.1 使われる地域で、使えるモノを考える

　現在、スマートフォンの普及はめざましく、個人がネットワークに繋がることで、地域格差もなくなり、また、生活に欠かせない沢山のアプリが開発されている。例えば、タクシー配車システムなど、ネットワークとIT、AIなど先端技術を活用したシステムの社会実装が進みつつある。さらに、すべてのものがつながるIoT[※]に発展しており、どこにいても生活は便利になってきている。一方で、少子高齢化により、労働力不足から作業支援や情報支援としてロボットに対する期待も大きくなっている。しかし、ロボットの社会実装に関しては、期待は大きいものの、何に、どのように使うのが良いかなどが曖昧であり、普及および市場化が進んでいない。応用分野が明確になれば、新しい産業分野の創出のみでなく、高齢者の自立支援、生活支援にも役立つ。従って、本章では先端技術としてのロボット技術やロボットの地域への応用をCOCプロジェクトを通して行ってきた内容について紹介する。とくに、COCプロジェクトの中で、「江東内部河川や運河の活用とコ

ミュニティ強化」、「まちづくりコラボレーション～さいたまプロジェクト」との連携を通じて、地域との協力関係が構築できた。

※IoT（Internet of Things）：パソコンやスマートフォンなどの通信機器だけでなく、家電やクルマのセンサーなど家庭・職場の様々なものがインターネットに繋がり、情報をやりとりすること。

■まちづくりと先端技術の連携

　生活分野でのロボットの大きな課題として、市場化に繋がるアプリ（キラーアプリ）が見つからないことが上げられる。研究開発する側や売る側からのアプローチが多く、真のニーズが見つかりにくいことが一因である。

　実際に使う側のニーズに対して研究開発していくためには、研究、実証、評価、さらにフィードバックしながらブラッシュアップしていく地域、体制が重要である。とくに、地域の課題を抽出するには、地域の活動に参加する必要があり、まちづくり活動との連携は必須ともいえる。このときユーザーにも実施施設にもWin-Winとなる関係が重要である。

■共通技術と研究開発体制

　地域に潜在的に存在する多様な社会ニーズに対応するためには、ロボット研究の共通開発・実験環境が必要である。これを共通プラットフォームと言い、ソフトウェアのプログラム開発のためのプラットフォームとロボット本体などのハードウェアのプラットフォームがある。次に、共通プラットフォームを活用する複数の研究者、研究機関の参画が必要となる。このような研究開発体制として、学内コンソーシアムや学外研究会を発足し、情報交換しながら研究開発の効率化を進めている。そして、マスコミを活用したアピールを行い、研究開発者を増やしたり、地域の方に興味を持って頂くような活動も必要である。研究の成果公開としては定期的なシンポジウム、公開実験、学外他研究会との連携が効果的であり、学術講演会では毎年、オーガナイズドセッション（決められたテーマに関する発表のセッション）などで定期的に研究発表を行いながら、完成度を向上させている。

■実証地域の協力

　研究開発は継続しながら完成度を高めていく必要がある。そのためには開発、実証、評価を継続的にスパイラルに回し、完成度を高められる地域は不可欠である。企業はもちろんであるが大学、研究機関、地域施設、地域住民が参加しやすい環境や関係性も同時に深め、信頼を得なければならない。

COCプロジェクトでは、5年間で上尾市医師会上尾看護専門学校、深川江戸資料館のほか学内外連携による東京ビッグサイトでの公開実験の実施という場を設けることができた。このような協力の場を得ることは、要素技術（製品などを成立させるために必要な要素に関する技術）を研究開発している大学の研究室では難しく、都市計画やまちづくりに熱心な建築系の研究室やコーディネーターの存在は大変重要である。本プロジェクトでも、これまでは関連性の薄かった、建築・都市系の2つのプロジェクトと連携ができたことが大きいと考えている。

6.2　超高齢社会と先端技術

　上尾市の原市団地での連絡会から、超高齢者団地での高齢者の見守りや活性化に、ロボット技術の応用などの議論を進めた。ここでは、原市団地の連絡会メンバーであった上尾看護学校との連携や中央区立シニアセンターでの実証実験について紹介する。

■高齢者向け先端技術の応用

　先に述べたように高齢社会においては、それを支える労働力も不足していることから、ロボット技術や先端技術の応用に高い期待がある。これに対して、ロボットで何ができるか、建築学科の教員からの紹介で地域の自治会・連絡会などとデモンストレーションを通して意見交換を進めてきた。押し付けではなく、ニーズを聞き、それに合うソリューション（解決技術）を考える必要がある。ロボットへの期待も高いこと、ロボットもそれぞれのイメージが異なることから、原市団地、白樺団地に実際にロボットを持ち込み、機能紹介のデモンストレーションを行うことで、ニーズのほか高齢者は予想以上にロボットなど先端技術に関心が高いことなどもわかった。

　中央区立シニアセンターでは、個での講演会を通して知り合った生きがい活動リーダーから話を戴き、ロボットの応用の一例として受付ロボットの実証を行った。センターで開催した「生きがいひろば」への参加者に挨拶を行う機能、人数をカウントする機能の有用性の確認を行った。受付ロボットには人に情報を提示するインタフェースロボットを用いた。インタフェースロボットは通常、マンツーマンで天気予報など必要な情報を提示するが、ロボットの周囲を通る人の動きを計測して声を掛けるようにすることで応用範囲がより広くなることから、「生きがいひろ

図6.1　原市団地でロボットの機能の議論　　図6.2　シニアセンターでロボットが挨拶してくれる

ば」での受付に応用した。

　技術的には、センサーによってどちらに向かって歩いているか、走っているか、正面にいるか、などを計測することで、それに応じて、「おはようございます」、「ありがとうございました」、「何かご用ですか」とロボットが挨拶をするとともに人数を把握することができる。

　一人暮らしの高齢者の方には、「挨拶だけでもうれしい」など、必ずしも高度な機能でなくても良いことがわかった。センター側では、人数を把握できることはメリットでもあり、受付で席を外したときに、「こんにちは」などとロボットが言うことで施設のスタッフにも来客がわかり、ロボットとの共存ができることがわかった。お年寄りからは、見た目のデザインが大事であることや、会話にも期待が高いことがわかり、さらに新たな研究課題となっている。声を大きくハッキリと発話させる、フェース・ツー・フェースで発話させる、役割を明確にするなど、頂いた意見をフィードバックをして開発を続けている。

■上尾看護専門学校との相互連携

　上尾看護専門学校とは、原市団地の連絡会で知り合い、ロボット技術を活用した高齢者支援について議論している。毎年、上尾看護専門学校学園祭ではロボット展示、豊洲キャンパスでは看護に関する授業や、学生が提案する介護機器への意見交換など相互に連携を取っている。学園祭ではインタフェースロボットとアンケートロボットを展示し、人流計測システムの実証実験を行った。来場者への技術のアピールだけでなく看護専門学校の先生や学生にロボットで何ができるのかを理解して頂くことも目的とした。フリーマーケットや体験ゲームなどのイベントに人気

図6.3 豊洲キャンパスでの看護専門学校の先生による講演

があるが、来場者には子どもが多く、ロボットに興味を持つ子どもも多い。人流計測システムでは、学校内をどのように人が移動したかを計測し、これにより、イベントの前に移動する様子などが明確となり、イベントの時間やレイアウトの参考になっている。また、ロボットを介したアンケート結果は集計の手間が不要なこともあり、学校側でもその結果に興味を持って頂いている。

また、機械機能工学科3年生の創成ゼミナールにおいては看護専門学校からの協力を得ている。毎年、授業では介護機器の設計を課題としており、看護専門学校の先生に看護の現状や課題について講演をお願いし、開発側ではわからなかった看護技術のことを指摘して頂いたり、介護機器の発表の際には、技術系ではなく現場からのコメントを多数頂き、有意義な授業ができている。同時に発表会などには介護に興味を持っている情報工学科の教員にも参加してもらい、研究室の見学会なども実施している。

6.3 地域活性化とコミュニティサービス

地域の課題を解決するサービス、あるいは地域を活性化するサービスをコミュニティサービスと言うこととする。COCのプロジェクトをきっかけに、学会ではコミュニティサービスロボットのセッションも行っている。本節では、地域活動に貢献するロボットとして、観光案内と資料館でのロボットの活用、および研究室連携によるビッグサイトでの展示について紹介する。

■ボランティア活動からのチャレンジ

　建築学科が中心で地域とともに開催する豊洲水彩まつりの中で、運河クルーズが実施されている。これまでは学生ボランティアが大学周辺21箇所の観光案内のアナウンスを行っていたが、これは場所や内容を覚えたりすることに神経を使う作業である。これをロボットにやらせてみたいとの要望でロボット化を検討した。ロボットが観光案内をすることで、学生は参加者へのきめ細かな対応ができ作業の分担ができるので、人とロボットとの共存につながる。

　ここでは、これまで受付に置いて、来場者への挨拶や人数のカウントを行ってきたインタフェースロボットとGPSを用いた。受付ロボットは固定ロボットであるが、クルージングで船という移動体に乗せることで、移動ロボットとして利用できる。この応用はこれまで考えなかった利用方法で、ロボット技術の普及という観点ではインパクトが大きい。

　GPSで現在地がわかるが、実際には、どのタイミングで発話するか、複数の観光スポットが近い場合にはどれを優先するか、また、ロボットが動いたり、発話するには、ロボットの制御特性も把握する必要があり、これらをうまく設計・制御しないと、行き過ぎてからの発話になったり、ロボットへの指令が重なったり、ポイントを飛ばしたりすることになり、研究要素も多い。また、効果的な見せ方も重要な課題である。実際、このような応用に関しては、発表例がほとんどなく、日本機械学会などで研究発表を行うことができた。

図6.4　ロボットによるクルージングガイド（船の中の様子）

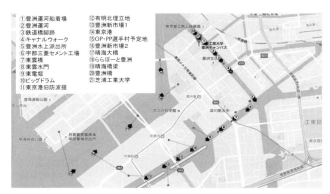

図6.5　運河クルージングマップ（黒い矢印の地点で案内する）

このほか、外国人も多いことから英語だけでなく、中国語、ドイツ語など多言語対応も地域にとっては必要な機能と考えられる。最近では、PCなどでも翻訳機能やコンパクトな翻訳機もあることから、翻訳は十分に可能であるが、外国人のジェスチャーや反応なども、ロボットを介したコミュニケーションには必要となってくると考えている。

■先端技術による地域活性化

いろいろな地域のニーズに対応するために開発したロボットは共通プラットフォームのソフトウエアであるRTミドルウェア[1]（ロボット用基本ソフトウェア）を利用することで、すでに開発されているソフトウェアモジュールの再利用が可能である。ロボットシステムは音声認識、音声合成、画像処理、運動制御などの沢山の要素技術が必要であるが、一研究室でこれらの開発は困難である。そこで、RTミドルウェアを用いると、構成要素としての音声関係のモジュールや画像処理関係のモジュールを再利用することが可能で、機械系の学生でもロボットシステムの構築が可能である。

プラットフォームとなるロボットは、パソコンと同じで、目的を決めることでいろいろな応用が可能である。はじめの応用として自動写真撮影をタスク（仕事）として決めた。タスクを決めることで、使えるモジュールは再利用し、不足しているモジュールが明確となり、そのモジュールの開発を行うとともに、確実性を高めるために冗長化などの開発を行う。

自動写真撮影ロボット（カメラマンロボット）では、その場で日付やロゴも併せ

て印刷することとした。この技術は単に写真撮影にとどまらず、撮った写真をサーバーに送ることで、巡回やセキュリティへの応用も可能となるものである。深川江戸資料館において、ロボット機能の技術的な評価と、写真撮影サービスが来場者に受け入れられるかの評価を行っている。技術的には、学外の環境は大学の研究室とは異なり、照明条件、背景、帽子やめがねなどの服装、子ども、マスコットとのレイアウト構成などにより、人物の正確な検出が課題となる。体験者からは好評で、1日で100人程度の撮影もこなし、毎年8月の深川の例祭の時期に実施しており、今年で4年目6回目と定着してきた。体験者からは声が小さい、写真を撮るタイミングがわからない、どんな写真かみたい、動作が遅いなど沢山の意見を頂き、これらを解決してきたことで完成度はかなり高まったと考えている。アンケートにおいても、回答者の9割が良いと回答している。

図6.6　ロボットによる受付案内（深川江戸資料館）

図6.7　カメラマンロボットの機能紹介
　　　（深川江戸資料館）

図6.8　複数のロボットによるアンケート
　　　（深川江戸資料館）

■**東京ビッグサイトでの研究室連携**

　おもな公開展示の場としては国際ロボット展と Japan Robot Week が交互に東京ビッグサイトにて毎年開催されるので、共通プラットフォーム技術による連携の効果として、展示実演を実施してきた。これまで最多で、機械工学科、機械機能工学科、電気工学科、情報工学科、デザイン学科の5学科6研究室で、共通ソフトウェ

図6.9　研究室連携によるロボットプリクラ（東京ビッグサイト）

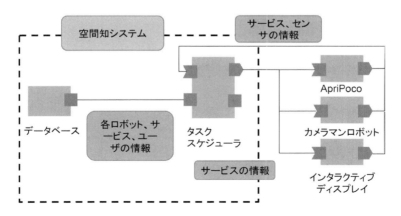

図6.10　共通プラットフォームによるロボットプリクラシステム構成

第6章　地域社会における先端技術（ロボット）の活用　103

アであるRTミドルウェアを活用して、ロボットプリクラなどを実施した。同じ大学でも、他学科の研究室との連携は、学生にとっても新鮮であり、展示では一般来場者や企業の人に対して、技術の説明を行う必要があり、場合によっては企業とも一緒に技術説明をする。このような経験を学生時代に経験できることは大変貴重であり、参加学生へのアンケート結果からもわかる。学会とは異なり、社会や業界においての発表のあり方を学ぶ良い機会となっている。

6.4　ロボット技術の社会への展開ビジョン

　地域へロボット技術を応用していくには、沢山のニーズに対応していく必要があるために、単独の研究室では、技術的にも人的にも不足する。このために、学内のロボット関連技術の研究者からなる"ロボティクスコンソーシアム"、および地域としてお台場での研究機関や大学のロボット研究者からなる"ベイエリアおもてなしロボット研究会"を設置した。これらの学内外の研究室との連携や研究会と連携することで、企業も含めて広く研究開発ができる。

　また、地域において高齢者の支援を考えると移動を支援することも必要になってくる。このため3年前から学内の"先進モビリティコンソーシアム"とも連携を始め、"ロボット・自動車共進化コンソーシアム"を立ち上げた。元々、自律移動ロボットの技術は障害物回避、自動運転など最近の自動車の技術とも近いことから、技術的な交流が可能であり、これにより地域において施設内外をシームレスに繋げ

図6.11　沢山のロボットがお出迎え（東京都産業技術研究センター）

図6.12 シニアカーとロボットネットワークとの連携
(ロボット・自動車共進化コンソーシアムとしての共同展示、芝浦キャンパス)

ることが可能となる。ロボットネットワークと移動ロボット、シニアカーなどを取り込むことで、地域全体の支援が可能となり、コミュニティサービスに向けた研究開発を進めている。

さらには、学外の業界研究会である"ロボットサービスイニシアチブ（RSi）"[2]との連携により、多くのロボットによる実証実験を進めることができるようになった。とくにサービスロボット、自動運転において、ベイエリア地区は、文部科学省が推進する"ユニバーサル未来社会推進協議会"での議論が進み、多様な企業や機関が参加している。また、"ロボット革命イニシアティブ協議会（RRI）"[3]においても、新しいロボット研究として、"多種多様なロボットのためのネットワーク連携アーキテクチャ検討会"において、企業と技術課題の共有化を進めてきた。

このようにロボットの連携によるロボットネットワーク技術は社会ニーズに基づき、研究開発と地域実証実験を進めながら、新しい産業創出を目指している[4]。2020年のオリンピック、パラリンピックは通過点であるが、ロボットネットワークによる社会支援の重要性をアピールしつつ、COCプロジェクトの成果を発展させながら地域で継続的な研究開発ができるような体制を築いていく予定である。

6.5　まちづくり＋ものづくり＝新たなサービス

COCのまちづくり、ものづくりという活動を通して、地域とロボットを介した交流の場が持てた。これにより新たなサービスの実現の可能性が見えてきた。

とくに上尾看護専門学校、深川江戸資料館は毎年、実証実験の場を提供して頂

き、いろいろな意見を交換でき、ロボット技術の適用研究の場となっている。さいたま市や神奈川県もロボットネットワークの活用を検討しており、その適用範囲の地域は広がっている。

コミュニティを中心にしたロボットネットワークの活用は、豊洲、月島、上尾、さいたま市、神奈川県など地域ごとに応用が異なることが考えられるが、それぞれが共通プラットフォーム技術で連携することで、相乗的にアプリケーションも増えていく。このほかにも、大阪、福岡、福島などにおいても、コミュニティベースのロボットネットワークが開発されており、将来的には、これらとも連携でき、さらには国際的にも連携できることで、ロボットや先端技術の社会実装、新しいサービスの実現が進んでくるものと考えている。

第7章

地域企業、地域団体とのネットワーク

地域現場主義 / まちもの連携 / システム・デザイン

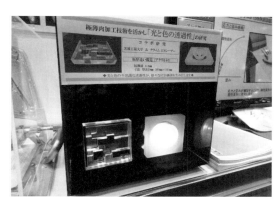

「光と色の透過性の研究」をテーマに、産業交流展2012に出展された極薄肉加工品

7.1　首都圏のものづくりの特徴を捉えて

■**首都圏のものづくりの特徴**

　首都圏にはものづくり企業の本社機能があるばかりではなく、近郊には沢山のものづくりに関わる事業所、工場が集積している。そしてその特徴として以下の4点が挙げられる。

① 製造業に加えて、IT、小売、金融など多様な産業が首都圏立地のメリットを活かしものづくりに深く関わる企業活動を行っている。
② 本社機能が日本各地、海外拠点のものづくりの企画、計画の中枢を担っている。
③ 官公庁、独立法人、大学など民間企業以外の諸機関が集積していて、ネットワークを組みやすい環境にある。
④ 勤労世帯の都心回帰に伴い、子育て世代も増えつつあり、様々な教育に関するニーズが高まっている。

107

■**大学の取り組み**

　首都圏に立地する大学は、このような首都圏のものづくりを捉えて、金融機関、行政機関・独立法人、近隣の大学などとの連携が重要である。

　たとえば芝浦工業大学では、両国に本部がある東京東信用金庫と包括連携を結んでいる。この連携により東京下町に本社のある製造業、地元で江戸時代から小売業を営む商店などと大学研究室が共同研究を行い、成果を上げつつある。

　典型的な事例は、東京東信用金庫を中心に芝浦工業大学、東京海洋大学、ものづくり関連企業、独立法人海洋研究開発機構（JAMSTEC）などが知恵を出し合い、ものづくりを分担し、大成功した江戸っ子1号の開発がある。芝浦工業大学だけでも、機械工学、電気工学、通信工学、デザイン工学、生命工学などを専門とする研究室が江戸っ子1号の研究開発を強力にサポートした。この成功は、ものづくり企業、大学、行政、金融機関が緊密に共同研究する「産学官金連携」のネットワークモデルとなっている。

　また、大学として地域団体とのネットワークも拡充し、地域のシニア、子どもたちを対象にセミナー、見学会、演習などを通じて「ものづくり」に親しむ啓蒙活動

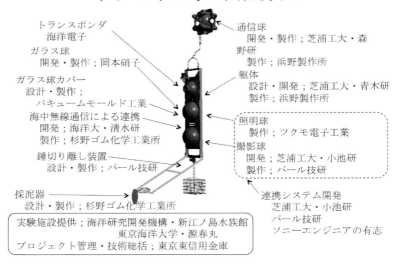

図7.1　超深海7800m付近の魚類撮影に成功した江戸っ子1号は、中小企業、大学の研究室、信用金庫、国の公的機関など様々な関係者が要素機器開発を分担した

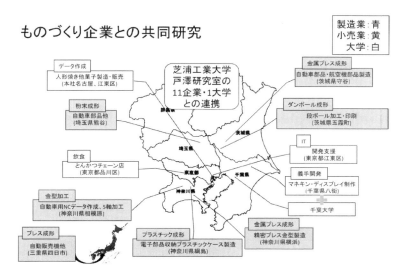

図7.2　首都圏では製造業だけでなく食品の製造販売など、多様な業界から「ものづくり」の革新・改善に対する要望があり、多くの共同研究が行われている（芝浦工業大学 戸澤研究室）

もさかんに行っている。第7章のまとめとして7.5にて地域団体とのネットワークについて、その要点を解説する。

■研究室の取り組み

　都心にある研究室では大学の産学連携組織からの企業紹介、所属する学協会で知り合った大学の先生や企業からの紹介など、様々なネットワークで得た企業先と共同研究を行っている。

　たとえば、芝浦工業大学戸澤幸一研究室（第7章7.2・7.3）、平田貞代研究室（同じく7.4）では首都圏の製造業、小売業、IT企業などの経営課題、技術課題を解決すべく、共同研究を広範囲にかつ精力的に進めている。具体的な事例は7.2以降で紹介する。

7.2　首都圏製造関連中小企業との研究開発ネットワーク

■首都圏製造関連中小企業の特徴とニーズ

　首都圏の製造関連中小企業は、自動車関連企業はじめ多種多様な業態がある。ま

た、創業者の2世、3世が新たな業界に仕事の幅を拡大している企業が少なくない。本項では、業容拡大している2社と大学研究室との研究開発ネットワークについて紹介する。1社は本業が自動車部品製造の荻野工業株式会社（工場：茨城県守谷市）、もう1社は自動車会社向けCAD/CAMデータ作成を本業とする株式会社クライムエヌシーデー（神奈川県相模原市）である。

共通点は以下の3点である。
① 2世、3世社長が自社の経営だけでなく、全ての自社技術も掌握していて、大学との共同研究に自ら積極的に取り組んでいる。
② 研究開発テーマは年によって変わるが、パートナーとして研究室とのネットワークの継続性を大切にしている。
③ 企業先での研究室学生の実験サポート、フォローなども、社長が自ら窓口となって会社全体で学生の研究をバックアップしている。

以下に2つの企業との主な研究開発ネットワークについて紹介する。

■航空機産業に業容拡大している荻野工業との研究開発ネットワーク

荻野工業は大正13年、ガス管継手製造販売を行う個人商店「荻野商店」として創業。昭和16年に自動車部品製造業として設立以来、自動車並びに建設・農業機械のエンジン部品及び油圧部品の開発、製造、販売を展開している。

特にエンジンの性能アップ、燃費効率アップに直結するピストンクーリングオイルジェットについては設計から生産まで一貫して独自の工法で行っており、その中でもオイルジェットパイプの冷間圧造による生産、技術開発が強みである。

オイルジェットパイプは細く長い形状ほど捕集率が向上し、エンジンの燃焼室内

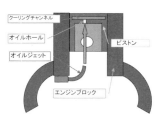 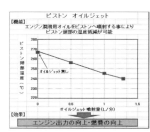 

図7.3 自動車エンジン用オイルジェットパイプの特性：オイルジェットパイプは細く、長くすることで、エンジン出力および燃費の向上に寄与する。このパイプ成形技術開発に共同で取り組み、新部品開発に成功した

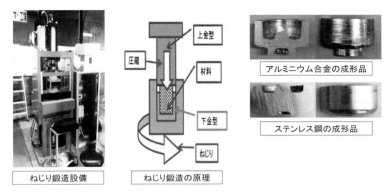

図7.4 公的資金獲得により、ねじり鍛造設備（左）を開発。自動車部品・航空機部品の軽量化を狙いに、部品成形と成形品の高硬度化の両立を実現した

にオイルが行き渡ることにより冷却能力が向上し、エンジン性能が向上するということで、自動車会社が注目する技術である。

そのキーテクノロジーは、パイプ成形技術の高度化であり、大学が保有するコンピュータを駆使した成形技術の導入が必須であった。

幸い、荻野工業のメインバンクである東京東信用金庫と芝浦工業大学とは包括提携している関係から、成形技術、型技術を専門とする戸澤幸一研究室がサポートすることになった。

荻野工業が有する成形ノウハウと戸澤研究室のコンピュータ利用技術によって目標のオイルジェットパイプの新形状開発は成功！　その成功を契機に毎年のように公的資金を獲得して、業容拡大策として、航空機用油圧部品の製造もスタートすることができた。

また、自動車メーカーや航空機メーカーなどに軽量化部品を提案していく共同研究開発も着々と行っている。たとえば「ねじり鍛造」という技術の開発。軸方向と回転方向、2つの方向から金属に圧力を加えることで金属を微細化して高硬度化、高強度化する技術で、部品を薄肉化するなどの軽量化が可能となる。現在専用の小型ねじり鍛造プレス機、大型ねじり鍛造プレス機を共同開発し、最適な成形条件を見つける研究、実験を積極果敢に行っている。

■**宇宙産業に業容拡大しているクライムエヌシーデーとの研究開発ネットワーク**

クライムエヌシーデーは自動車用大手プレス部品製造メーカーに勤務していた技

術者が1988年に設立。以来、日本の大手自動車メーカー各社を顧客として、自動車ボディ用金型のCAD/CAMデータ作成を本業としている。

　この企業の技術の源は、仕上げ熟練技能者を不要とするNC（数値制御）データの作成、そして切削時間短縮を可能とする加工法の開発である。更に、プレス加工時の自動車ボディのひずみや割れなどが発生しない「成形に優しい精密NCデータ作成の技術力」は大手自動車メーカーから高い評価を受けている。

　また2007年には先進の同時5軸加工機を導入し、自動車メーカー型部材の短納期・高精度加工をスタート。更に「モノづくり支援」、「モノづくり技術の伝承」として３Dアニメーション制作も手がけ、例えば宇宙開発研究機構（JAXA）向けに制作した宇宙探査プロモーションアニメも高評価を得ている。

　筆者（元自動車会社のモノ作りエンジニア）とは、創立以来のお付き合いであり、毎年研究室の学生が時代にマッチした研究テーマを行っている。

　代表的な事例として、国の中小企業研究開発向け大型公的資金として知られる「高度ものづくり支援」に採択された例がある。自動車製品、宇宙製品向けに「極薄肉加工技術」に関してクライムエヌシーデー、戸澤研究室で共同研究を行った。

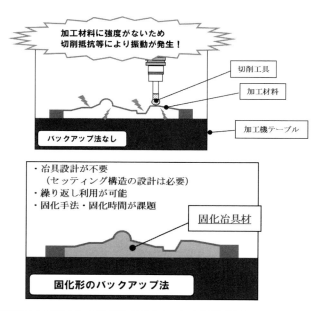

図75　従来、切削による薄肉加工は振動が発生してしまう問題があった。この問題をクリアする新加工法を研究し、実用化した

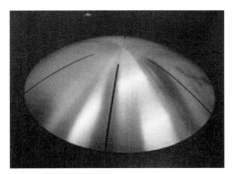 

図7.6 形状可変鏡は電波の位相誤差を低減させる宇宙関連の試作部品。鏡面部はアルミ材であり、薄肉化が求められる

図7.7 デザインサンプルとして蝶を完成させることができ、切削加工による"デザイン自由度の高い造形"に成功した。東京国際航空宇宙産業展2013に出品し、評価を得ている。

この秘術は通常の切削加工やプレス加工では不可能な極薄肉加工に関するユニークな技術開発である。その成果として、宇宙に打ち上げる製品の試作品に採用されるまでに至った。

また、最近では自動車ボディ用プレス金型加工を効率化する「新形状工具」の評価や新工具開発を共同で行い、創立以来のオンリーワン技術である「切削時間短縮を可能とする加工法開発」に関して、より一層技術力を高めている。

7.3 首都圏第3次産業との研究開発ネットワーク

■首都圏第3次産業の特徴とニーズ

首都圏には食品、アパレル、マスコミなど様々な第3次産業がある。第3次産業は消費者の低価格志向、高級志向の2極化に対応すべく、強固なサプライチェーンマネージメントを形成している。新商品、宣伝、販売などの企画は東京を中心とした首都圏の本社、ものづくりは土地ならびに労務費の安価な地方の工場、事業所で、と役割分担しているケースが大半である。

本項では、第3次産業としてその業容に特徴のある3社と大学研究室との研究開発ネットワークについて紹介する。

1社目はマネキンやショウウィンドウのディスプレイを扱う株式会社ヤマトマネキン、2社目は人形焼き、クッキーを日本の観光地で販売している株式会社叟登

第7章 地域企業、地域団体とのネットワーク 113

屋。3社目はチャンポン、トンカツなどのレストランを全国チェーン展開している株式会社リンガーハットである。

共通点は以下の3点である。

① ものづくり革新に対する潜在ニーズはあるが、社内のスタッフは差し迫った新商品の創出と既存品の改善に追われている。

② 大学、特に工学系大学とのネットワークがほとんどない。

③ 試作品開発、購買、製造、広報など新商品を販売まで持っていく組織体制は整っている。

以下に3つの企業との主な研究開発ネットワークについて紹介する。

■商品開発力強化を目指す「ヤマトマネキン」との研究開発ネットワーク

ヤマトマネキン（本社　東京都江東区亀戸）は1947年創業。マネキン、人体解剖模型、その他の教育用標本模型類の製造販売を開始。現在はマネキン、ディスプレイ、インテリアなど幅広い商品のデザイン、設計、製作、販売を業容としている。主要顧客先は大手デパート。

大学とのネットワークを築くきっかけは、江東区主催の産学連携交流会。ヤマトマネキンのニーズはマネキン生産の国内回帰を狙った専用金型のコストダウン。長年自動車会社などで金型、特に少量生産向け金型開発に関わってきた芝浦工業大学戸澤研究室と意気投合。早速、公的資金を獲得して共同研究を開始した。原型モデルの転写に適した特殊な型材を使い、外注や設備に頼らない金型の廉価製造法の開発に成功。これまで品質、納期面で問題があってもコスト有利の中国などで手作りしていたマネキン製造の機械化に国内回帰を初めて実現した。

さらに、東京オリンピック向けにテニスラケット、やり投げなどスポーツ器具を持てる、フレキシブルでかつ高剛性のマネキン用関節の開発にも成功。現在は更に商業施設や介護施設で活用できる、人に優しいロボットハンドを共同開発している。

■商品開発投資低減を目指す「長登屋」との研究開発ネットワーク

長登屋は1929年名古屋市西区にて「長登屋商店」として創業。本社がある名古屋の名物はもちろんのこと、全国各地の土産物屋やアミューズメント施設、テーマパーク、イベント会場向けの菓子商品を中心に企画開発・製造・販売を一貫して行っている。

図7.8　江東区の産学交流会で知り合ったヤマトマネキンとの共同研究。企業のニーズと大学の知財が結合し、早期の実用化に成功

図7.9　2017年のオープンキャンパスでは、マネキン・ディスプレイ実用化研究について学生が、来場者（高校生とご両親）に熱心に説明した

第7章　地域企業、地域団体とのネットワーク　115

図7.10 人形焼きの製造ラインと人形焼き。人形焼きは数十個の同じ型を回転寿司のようなラインで製造する。焼き上げ時間が短縮できれば、型数と製造設備が簡素化でき、新商品開発の投資低減を実現できる。

　各種キャラクターを扱った商品の開発にも力を入れており、特にサザエさんを使用した商品の販売は同社が独占している。
　大学とのネットワークを築くきっかけは、ヤマトマネキンと同様に江東区主催の産学連携交流会。長登屋の東京事務所が江東区辰巳にあり、やはり金型費が下げられないか？の技術相談がきっかけである。
　大学との共同研究の目標は2つ。金型で製造する人形焼きの品質向上と金型数の大幅削減。前者は、金型のどんな微細形状だとケーキ生地は金型内に綺麗に流れて高品質の形状で固まるか？の限界を探る研究。後者はガスバーナなどで金型を熱して人形焼きを焼き上げる焼成時間の大幅短縮に関する研究である。
　工場は山梨県の河口湖。長登屋の東京事務所の所長、教員、学生で適時出張して実際の製造ラインで、2つの目標に対応する新製造法の効果を検証。様々な実験を通じて、現在目標達成に向けて着々と研究開発が進んでいる。

■お客様満足度向上を目指す「リンガーハット」との研究開発ネットワーク
　リンガーハットは1964年、トンカツ販売として株式会社浜かつを設立。1977年長崎ちゃんぽんの店のチェーン展開開始。1982年株式会社リンガーハットに商号変更。現在は「長崎ちゃんぽん　リンガーハット」と、「とんかつ　濱かつ」をチェーン展開している。

図7.11 現状のトンカツの持ち帰り品は、揚げたてに比べ、2つの問題がある。1つはカツ本体が冷えること、もう1つはカツの衣が上面、下面ともサクサク感がなくなること。

　大学とのネットワークを築くきっかけは、国の委員会や学協会で一緒に活動している東京経済大学の山本聡先生の紹介。山本先生が解説したＮＨＫの経済番組を観ていたリンガーハットの会長さんが自社のニーズを山本先生に相談されたのがきっかけ。「持ち帰りトンカツの保温性向上」に関する技術相談ということで、筆者が紹介され、思わぬネットワークの誕生であった。

　大学にいらした会長から、持ち帰ったお客さんに「熱々トンカツを召し上がっていただきたい」という達成目標をお訊きし、1年半かけて研究開発。あれこれ試行錯誤した結果30分後でも揚げたてに近いトンカツが完成。大崎にあるリンガーハット商品開発室で学生、リンガーハットの担当者と毎月のように揚げたて30分後の冷めたトンカツと格闘した成果であった。

　この成果に満足いただいた会長の次のオーダーは「餃子」。ただいま焼きたてに近い餃子となるよう研究真っ最中である。

　企業とのネットワーク強化の基本は、「成果を迅速に出すこと」が一番大切であることが実証された代表事例となった。

7.4　アントレプレナーとの産学連携ネットワーク

■参加型デザインとリビングラボにより関係者達を巻き込み問題解決に挑戦

　芝浦工業大学近隣には、冒険的で経済革新につながるイノベーションを担うアントレプレナーが多く居る。アントレプレナーとは、手持ちの資源を超越してチャンスを追及する起業家、つまり、(1)革新的な製品の開発、(2)新しいビジネスモデルの考案、(3)既存製品に新たな価値を追加する開発、(4)既存製品の新市場の開拓、のうち幾つかに挑戦し続ける起業家である。

図7.12 アントレプレナーとの産学連携ネットワーク

図7.13 アントレプレナーによる講義風景

　シリコンバレーのような投資家が少ない日本では、アントレプレナーはリソース不足を凌ぎ生き残るために、技術・情報・社会を密接につなぐネットワークが欠かせない。

　そこで、アントレプレナーと大学研究室の学生・教員とが参加型デザイン手法に基づき、芝浦メソッド「産学連携ネットワーク」を築いた。参加型デザインとは、観察を通じた実態の可視化に基づき、関係者を巻き込み問題解決に取り組む方法。参加型デザインは、北欧で発達し、製造や制度設計等に広く応用されるようになった。中でも、仕事や生活の場に外部の関係者が入り込み当事者と共に問題解決に参与する手法は"リビングラボ"と呼ばれる。リビングラボをはじめ参加型デザインを通じて、各アントレプレナーの得意とする経営メソッドを学び、「産学連携ネットワーク」に加えていった。

　本稿では、3社のアントレプレナーと取り組んだ「産学連携ネットワーク」の事例を紹介する。1社目は、本学主催の研究会の参加者から紹介を受けた株式会社t.c.k.w.、2社目は、「グローバルニッチトップ企業100選」から大学近隣であることを知り訪問させていただいたマイクロ・トーク・システムズ株式会社、3社目は、本学の隣駅で筆者の教え子が経営する株式会社コントレイル。これらの企業には以下の共通点がある。
　① ものづくりに留まらず、モノの周りに価値を付け足すコトづくりを重視
　② 収益と社会貢献の拡大を同時に果たす企業理念
　③ 技術・情報・社会をつなぐネットワークによる価値創造

図7.14 優れた職人技を顧客に伝え、その価値を拡大するにはどうしたらよいのかについて議論

図7.15 言葉では説明が難しい職人技について現場観察を通じて理解

■優れた職人技の継承と発展のためのミドルウェア

　株式会社t.c.k.w.は、日本各地の伝統技術に新たな切り口を加え、新市場開拓や高価格化を図る"インテリアのオートクチュール"に取り組んでいる。職人とデザイナー、製品と市場、文化と産業を仲立ちしマネジメントする「ミドルウェア」となり、優れた職人技の価値を最大化する。

　同社を大学に招き、伝統技術、デザイン、ブランド構築、マネタイズについて、学生達と共に学び議論を交わした。日本には暗黙知や経験により磨かれた優れた職人技が豊富にある。しかし、なぜその多くは未だ顧客の眼に留まらず、廃れようとしているのだろうか。職人技の継承と発展のためには、職人技の価値を伝え、価値を持続的に拡大するためのビジネスモデルが必要である。

　この議論の後、学生達は、大学近隣の幾つかの工場を訪問し、現場観察を実施した。職人達はそれぞれの技術に自信を持つ一方で、その価値については自ら言葉で説明しづらい、他の職人の技術は分からない、という声があった。学生達は仕事場で職人達と共に過ごし、教わった技術の難しさや素晴らしさについて理解し、それらを説明する方法を考え試行した。

　こうして、アントレプレナーから学んだ「ミドルウェア」を融合した「産学連携ネットワーク」を通じて「伝統技術の継承と発展」に取り組んだ。

■競技計測の国際市場の隠れたチャンピオン企業に学ぶイノベーションの創発

　マイクロ・トーク・システムズ株式会社は、RFID（Radio Frequency Identification：無線通信による自動認識技術）に関する要素技術を応用し国内外の競技の測定や業

図7.16　アクティブタグを応用したスポーツ計測システム（左上）と、同システムが国際マッド（泥んこ）レースで利用されている様子

図7.17　磁界やRFIDによるデータ収集の長所と短所を体験し、特徴をいかす新サービスについて議論

務の生産性向上を支援する。同社は、アクティブタグ（電池を内蔵しているRFIDタグ）を利用したマラソン大会等のスポーツ計測システムとして世界で初めて実用化に成功し、ニッチな国際市場で高いシェアを獲得している"グローバルニッチトップ企業100選"に選ばれた。さらに、この要素技術を工場やオフィスのIoT（Internet of Things）にも展開している。

　同社を招き、学生と共に、磁界の発生や境界の可視化、RFIDタグを身に着け歩行タイムの計測などについて体験。学生達は、磁界やRFIDの特性や制約を理解した上で、特性をいかし制約を補う新製品・新サービスを考案し、その実現性について企業の経営者達と共に意見交換を行った。ブラッシュアップした各サービスをコンペ形式でプレゼンテーション。ドローン操縦技術採点システム、飲料用ボトルの摩耗予防サービスなどが上位にあがった。

　こうして、アントレプレナーの「ニッチ戦略」を学び、「産学連携ネットワーク」を通じて「新製品・新サービス開発」に挑戦した。

■食品・料理・食器を通じて人々を繋ぐコミュニケーションの機会の拡大

　株式会社コントレイルは、シェフ、酪農家、食器作家、家庭、オフィスをつなげ生活を豊かにする仕掛けとなる「都市と地域をつなぐ食のストーリー」を提供するコンサルティング会社である。

　虎の門ヒルズにオープンしたフレンチレストランをテーマに取り上げ、同社と学

図7.18 店舗のある街の景観、気候、交通、人々の流れなどをフィールドワークで調査

図7.19 店舗で顧客体験の後、経営者と意見交換を行う学生達

生達が経営理念と経営課題について議論。その後、学生達はこのレストランとその街のフィールドワークを行った。

学生達は、街における交通や人々の動きを体感し、どのようにレストランへ関わる可能性があるかについて話し合った。都市サイクリングマップ、オフィス内イベント、家庭への都会感覚の持ち帰りなどの心地よい生活の引き立て役として提供できる価値を提案。実行可能性や持続性について経営者から評価を受けながら改良した。

こうして、アントレプレナーから学んだ「都市と地域をつなぐ食のストーリー作り」を取り入れた「産学連携ネットワーク」により「食の価値創造」に取り組んだ。

7.5　まとめ：地域団体へのネットワーク拡大

■都心の居住地域の特徴とニーズ

芝浦工業大学芝浦キャンパスは、都心3区の一つである港区に立地している。昨今、都心はタワーマンションはじめ居住地域が拡大。比較的経済的なゆとりのあるシニアの住まいとして、また教育熱の高いファミリー層の住まいとして、人口増地域である。

したがって、幅広い知見を身につけたいシニアや、子どもの頃から「ものづくり」に関心を持ってもらいたいご父母などからの大学に対する要求は年々高まっている。芝浦工業大学では大学全体として大人向けや子ども向けの「公開講座」を3つのキャンパス（豊洲、芝浦、大宮）で頻繁に開催している。また併せて研究室単

位でも地域団体と連携して、シニア向けセミナーや、子ども向けにものづくり教育も行っている。

ここでは芝浦キャンパス近隣で活動している地域団体「SAC（サクセスフル・エイジング・コミュニティ）みなと大学」とのネットワークを通じて実施しているセミナー、ものづくり講座について紹介する。

SACみなと大学は、東京都港区在住のアクティブシニアを中心に、一般会員、企業会員、学生ボランティアから構成される"学びを軸としたコミュニティ"で、2011年から"健康で、賢く、美しく、逞しく、豊かなシニアライフを実現する"をキーワードに活動を続けている。また、SACみなと大学は、平成25年度ならびに平成26年度の「港区NPO活動助成事業：先駆的・モデル的事業」に選定された。

主な活動は2つ。1つはアクティブシニアを対象に毎月1回、芝浦キャンパスの教室でセミナーを開催。セミナーでは芝浦工業大学研究室に縁のある興味深い企業の方々の講演もあり、アクティブシニアの好奇心をそそる充実した内容となっている。また、年に数回は教室での座学の代わりに、首都圏の旅客機整備工場など諸施設を見学して見聞を深めている。

もう1つは、子ども向け「ものづくり教室」の開催。毎年芝浦キャンパスで2回、近隣の小学校（高輪台小学校）で1回のペースで、様々な教材を使った実習で、芝浦工業大学の学生が実際の指導にあたっている。子どもたちのご両親も参加され、親子で毎回「ものづくり」を楽しく学んでいて、大変好評である。

図7.20 アクティブシニアを支援する港区の地域団体SACみなと大学の講演。芝浦工業大学戸澤研究室と共同研究実績のある蝋燭の老舗「鳥居ローソク」の鳥居社長による「蜜蝋の歴史」

図7.21 芝浦キャンパスの教室での「ものづくり教室」。近隣の親子計70名が参加、段ボール製で貯金箱になる観覧車を作成

第8章

地域|現場|主義　グローバル・ローカル　システム・デザイン

地域課題の解決はシステム思考

コミュニケーションは、専門分野や文化、国籍を超えて、課題発見

8.1　課題解決の「秘訣」を考える

　地域の課題は、異なる立場や考え、文化やニーズを持ったひと、もの、こと（組織や制度、サービスなど）が絡み合った中から課題を発見して、解決していかなければならない。

　さらに、厄介なことは、解決に要する期間が中長期になる場合も多く、取り扱う事象や組織も時間とともに新陳代謝を伴いながら刻々と変化し、それぞれの目的を達成するために個別に成長（進化）していく。

　本章では、このような状況の地域課題を解決するために、共通言語としてシステム思考を導入した。システム思考による課題解決をシステム工学特別演習、同演習C、産学地域連携PBL（Project-Based Learning）で「大学と地域をつなぐ技術課題」、「地域をつなぐ課題」、「グローバルとローカルをつなぐ課題」を展開してきた。この課題解決の秘訣を紹介する。

8.2 共通言語としてのシステム思考

　システムズエンジニアリングの国際的な専門組織INCOSE（The International Council on Systems Engineering）によると、システムとは「定義された目的を成し遂げるための、相互に作用する要素を組み合わせたものである。これにはハードウェア、ソフトウェア、ファームウェア[※1]、人、情報、技術、設備、サービスおよび他の支援要素を含む」である。地域の課題は、ひと、もの、ことに起因する様々な要素の組み合わせであり、まさしくシステムとして考え取り扱うシステム思考が新たな視点を広げるのだ。

　このシステム思考にもとづく課題解決を行うには、異なる立場や考え、文化、ニーズを持ったステークホルダー[※2]と複数分野の知識や考え方を相互に理解し、共有するための価値観や活動姿勢を表す共通言語が秘訣だ。つまり、「もの・ことを含むすべての現象をシステムと捉え、ステークホルダーや他分野に対する聴く耳を持ち、異分野のメンバーと混成でプロジェクトチームを編成し、総合的に問題解決する」という共通言語がシステム思考であり、このシステム思考の工学的なアプローチがシステムズアプローチになる。

※1　ファームウェア：さまざまなハードウェアに組み込まれたコンピュータシステムを制御するためのプログラム。
※2　ステークホルダー：企業、団体などが行う活動にかかわる、直接的・間接的な利害関係者。

8.3　課題解決のためのシステムズアプローチ

　課題解決プロセス（Problem Solving Process）は、図8.1に示すように「①問題発見・定義」→「②現状分析と要求分析・定義」→「②目標設定、評価の計画とアイデア創出」→「③評価：デザインレビュー[※3]（Design Review、DR）」→「④プロトタイピング[※4]」→「①問題の再定義」のサイクルを繰り返して、総合的な課題解決策を提案していく。プロジェクトチームの編成は、共通言語にもとづき専門領域の異なるメンバーの混成チームとする。

　プロジェクトのチーム活動は、最初に地域からの要求・要望に対して問題を発見し、解決すべき問題としてテーマを決定する。掲げたテーマに対する「現状分析と

※3　デザインレビュー：企画、開発過程のシステムや製品などの成果物を複数の人に評価・検討してもらうこと。
※4　プロトタイピング：よりよい完成品を目指すため、まず提案する機能や形状、仕組みを形にするモデルや試作品を提示し、ユーザーの要望を反映させてゆくプロセス。

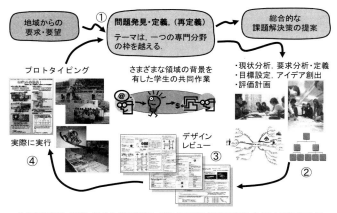

図8.1 システムズアプローチにもとづく課題解決プロセス

要求分析・定義」、「目標設定」を行い、解決策となるアイデアを多数創出する。また、導出されたアイデアの目標達成レベル（性能）を評価するための「評価計画」とプロジェクトの「予算計画」も同時に行う。これらの活動に対して、図8.2の評価項目に従いDR（1回目）を実施する。この結果、テーマ設定を含めて一からやり直すチーム、現状分析のためにアンケート調査などを再実施して要求分析を見直すチーム、うまく行っているチームは設定した計画に従って活動を開始するなど様々である。ただ、プロジェクトの予算計画は大多数のチームが差し戻され、再審査になることが多い。つぎに、計画に基づく活動の進捗状況を2回目のDRで審査する。教員、企業・自治体、他チームから相反する意見を含めた様々なコメントや提案を受ける。その結果、大半のチームが図8.1の「問題の再定義」に移り、解決策となるアイデアを再導出し、活動内容の修正・改善により2サイクル目に突入していく。いっぽう、教員は、プロジェクトへの投資家の視点で図8.2の評価指針に従いDRを行い、様々なコメントや予算審査と決定を行う。このように、課題解決プロセスのサイクルを繰り返すことで、総合的な課題解決策を創出していく。

　ところで、プロジェクト活動の実態はどういうものだったのか。図8.3のライフラインチャートを用いて確認する。このライフラインチャートの事例をみると、第1回目のDRまでの前半は、「グループで上手くやっていけるか不安」な状況から始まり、「話し合いがまとまらない」状況から「方向性が決まってくる」という前向きな状況へと進んでいく。ところが進捗報告後に、一転して「話し合いは進むが一

部の人しか意見が出せない」というネガティブな状況に陥った後に「意見が少しずつ出るように」なり「チームとしてまとまり」ができ、第1回目のDR後の中盤では「意見が活発になり」、「方向性が固まる」ようになった。2回目のDRでは、「問題提起ができた」ことで、チーム内の活動状況は多少の浮き沈みはあるものの前向きな姿勢を維持して、最終発表へと向かっていったことが手に取るようにわかる。

　問題の90%は何が問題であるかを定義することだと言われる[1]。課題解決プロセスの前半は、「問題発見・定義」から始まり「評価計画」までをデザインするプロセスだ。このプロセスをしっかりと実行できれば、課題解決の90%が終わってしまう。ところが、それを怠ると間違った課題や方向性の違う課題を解決し、結局、振り出しに戻るという悪循環になってしまう。さて、学生たちのプロジェクトチームはどうであったか。「大学と地域をつなぐ技術課題」、「地域をつなぐ課題」、「グローバルとローカルをつなぐ課題」について、プロジェクト活動の詳細を次節以降で展開していく。

第1回デザインレビュー システム計画と予算計画の評価	要求分析	背景と目的が明確になっているか
		現状とニーズがしっかり分析されているか
	目標設定	ゴール（目標）を具体化するための機能は明確になっているか
		機能を実現するための方策（アイデアや具体策）が述べられているか
	要求とゴールは、妥当な関係であるか	
	予算計画の内訳は適切に申請されているか	
	文書、口頭での報告	
第2回デザインレビュー 活動内容に対する中間評価	実施内容	独創性（独創的なプロジェクトを立案できた）
		有用性（社会的意義が高く、広範囲に適用できた）
		正確性（データや調査に基づき客観的、定量的、正確な検討ができた）
		実現可能性（理工学の裏付けがあり、社会・経済的な実現可能性を検討できた）
	評価方法は適切に計画されているか	
	スケジュール通りに進捗しているか	
	文書、口頭での報告	
最終発表会の評価	成果物	独創性（独創的なプロジェクトを立案できた）
		有用性（社会的意義が高く、広範囲に適用できた）
		正確性（データや調査に基づき客観的、定量的、正確な検討ができた）
		実現可能性（理工学の裏付けがあり、社会・経済的な実現可能性を検討できた）
		目標の適切さ（適切な難易度の目標を設定し、到達することができた）
	文書、口頭での報告	
	付加価値（グローバル視点、ビジネスモデルなどの付加価値を考慮できた）	

図8.2 課題解決プロセスのデザインレビューでの評価項目

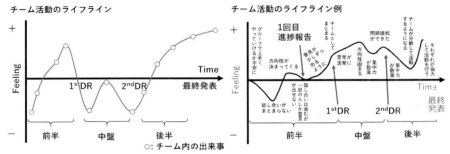

図8.3 プロジェクトメンバーのチーム活動のライフサイクル例

8.4 大学と地域をつなぐ技術イノベーション創出プロジェクト

　日本のものづくりには、中小企業が欠かせない。これは、誰もが承知していることだ。ところが、黒字経営にもかかわらず高齢化や後継者不足で廃業する中小企業が増えている。ここで登場する川口市は、かつては鋳物の街と呼ばれていたが都心へのアクセスが良好なことから鋳物工場の跡地にはマンションが立ち、指折りの人気エリアになった。このまま、ベッドタウン化が進み、ものづくりは廃れてしまうのか。いやいや、様々な機械製作技術を有した中小企業が川口市にはまだまだ多数存在する。後継者が出るような魅力的な状況を創ればいいのではないか。栄精機製作所社長の網谷氏の音頭で川口市の優良中小企業と芝浦工業大学の産学連携プロジェクトが立ち上がった。

　中小企業との連携プロジェクトということで、学生たちの就職先ニーズを聞く。回答は素っ気なく、就職先は誰もが知っている大企業で働きたい。今も昔も変わらない。職種は、勿論、ものづくりの上流工程である設計開発がしたい。一方、中小企業の強みは製造加工技術である。図面さえあれば、高度なものでも試作できる能力があり、高品質なものを確実に製造できる。ただ、学生が望む仕様決定や開発設計、つまり上流工程は苦手で就職先ニーズにマッチしない。この上流工程への取り組みが、中小企業を魅力的な状況へ戻すカギではないか。

　実は、ものづくりベンチャーと中小製造業の連携に関する調査研究[2]によると、製品アイデアや企画といった上流工程が得意なものづくりベンチャーとの連携課題は、ズバリ、「内容・仕様が十分に練られていなかった」、「異なる価値観や考え方

を持っており、コミュニケーションに苦慮した」といった仕様決めや設計などの上流工程を中小企業がサポートできないことだった。もちろん、同時に金銭面のリスク「成果がでるまで時間がかかる」、「短期的な売上につながらない」が挙がる。とは言え、魅力の復活とイノベーションを創出するためにも、率先して上流工程を含めたものづくりに取り組む必要がある。

　産学連携プロジェクトを通じて、川口市の様々な機械製作技術を有した中小企業が連携することによって、大企業と同じように問題創出、開発・試作を発揮させる。そこで、本プロジェクトでは、システム思考に基づく課題解決を通じて、イノベーションを創出するためのアイデア創出、産学連携によるプロトタイピング、問題発見、開発を進めた。

■段差乗り越え6輪車いすの開発、ビジネスになる製品とは何か

　まずは、「ビジネスになる製品とは何か」、課題発見だ。同時に、川口市の中小企業を訪問し、実際の現場をみることで得意技術を学生たちの目で確認する。課題発見のために、関連する要素や意見、技術、アイデアを整理して、「ビジネスになる製品は、福祉や日常生活において人間の欲求として安心感を持たせ、利便性や新規性といった付加価値が加わったもの」と分析した。この分析結果に対するアイデア、
・「磨耗しないヒール」（騒音がない、壊れにくい、安心感）
・「理学療法士支援器具」（理学療法、介護、操作性と新規性）
・「壊れにくい折りたたみ杖」（壊れにくい、軽い、コンパクト）
を企画し、課題解決のためのデザインレビューに挑む。すると、夢や面白さが全くないと痛烈な指摘を受ける（12チーム中6位。本章8.3で述べたシステムズアプローチによる課題解決プロセスを、システム工学特別演習で12のプロジェクトチームを編成して実施した）。そこで、藁にもすがる思いで栄精機製作所の中島氏に相談すると一言、皆さんが作りたいものを考えて、試作しよう。学生たちが作りたいもの、足踏み式歩行器と高剛性ベビーカーのアイデアを提案する。進捗報告で、工業大学生の真面目なアイデアは、残念ながら一刀両断に切り捨てられる。インパクトに欠ける。再々度の検討。暗澹たる状況が発生していた。

■段差乗り越え6輪車いすの開発、ストーリーを考えよう

　やばいやばい。2回目のデザインレビューまでには何とかしなければ。これでは、スケジュールも何もない。誰かが言った。ワンチャンあるぞ。売れている商品

128　第Ⅱ部　プロジェクト

には、ストーリーがある。ストーリーを探そう。大学生活の日常を思い出す。すると、本学在学生に車いす利用者がいて、危険な場面を目撃したことを思い出す。何とかしたい。そこで、車いす学生にヒアリングをすると、「段差を上る際に恐怖を感じることがある」、「エスカレーターや階段を一人で利用することができない」といった点が挙がった。そこで、川口市の中小企業とディスカッションをした結果を踏まえて、まずは、街中や建物に存在する段差を乗り越えられ、踏切を渡る際に溝に引っかからない機構を持った車いすを作ろう、というストーリーが見えてきた。でも、アイデアが浮かばない。徹夜明けの悶々としている時に、何気なくパソコンモニターに映っていた尺取り虫がヒントになった。これだ！　自信を込めた第2回目のデザインレビューで、段差乗り越え機構として「尺取り虫の動きを参考にした機構」と「段差衝突時の力を持ち上げる力に変換するためのシリンダとジャッキによる機構」を提案する。その結果は、12チーム中8位。システム工学特別演習は、最終発表に向けたプロトタイピングの時期になっていた。

■産学連携の触媒は学生、学生の柔軟な発想で社会貢献

　車いすで段差を乗り越えるときや車輪が溝にはまったときなどには体重移動で前輪を浮かす操作が必要になるが、転倒する危険がある。この課題を解決するために、尺取り虫の動きを参考にした段差や脱輪に強い新たな機構「6輪車いす」を最終発表で提案した。具体的には、3Dプリンタで5分の1スケールのラジコン模型を製作し、その試験結果と共に提案。この結果は、みごと12チーム中2位になった。前輪、中輪、後輪の計6輪の機構。手元のレバーを前後に動かすことで、容易に段差を乗り越えたり、溝から車輪を持ち上げることに成功した。この6輪車いすは、複数の新聞やテレビ東京のワールドビジネスサテライトのトレンドたまご（WBSのトレたま）、さらにはタイの2大テレビ局の1つであるチャンネル9（MCOT）のAnovationにて取り上げられ、メディア報道を通じて国内外から問い合わせがあった。また、日本機械学会第25回設計工学・システム部門講演会のD＆Sコンテスト優秀表彰、学内のSIT賞を受賞した。

　中小企業では、優れた設計開発ができる人材が不足、存在しないことが多い。学生たちの新鮮な発想と展開力は触媒となって、今までにない製品を引き出す。4年間で着手したテーマは、段差乗り越え6輪車いす、小型折りたたみ自転車、鋳物によるダンベル型ペットボトルフォルダ、水田除草用農業ロボットで、川口市の中小企業が一社で対応できるのはダンベル型ペットボトルフォルダぐらいだ。Made in

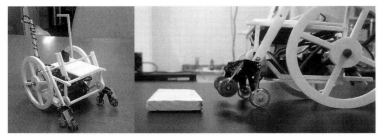

図8.4　段差乗り越え6輪車いすのプロトタイピング

図8.5　段差乗り越え6輪車いす。手元のレバー操作で段差を乗り越える

図8.6　川口市の中小企業の技術者と意見交換

川口を実現するためのカギは、学生たちが触媒となって動き連携すること。そして教員は、学生たちが定義した課題を「たちの悪い課題」に変えること。つまり課題を解決するために川口市である意味は何なのか、といつまでも問い続ける。すると、学生は右往左往して複数要素や技術を組み合わせる触媒になっていく、これこそがシステム思考による課題解決の実行である。

8.5　地域をつなぐ地域間連携型農業支援プロジェクト

　複合的なスキルや知識を必要とする農業は、工学モデルを考え現実化させる素材として魅力的な領域である。また、ロボット技術やICT（Information and Communication Technology：情報通信技術）を活用した「スマート農業」など、農業への工学技術応用ニーズは高い。多くの農業生産者にとって、先端技術の導入は容易ではないため、大学への技術支援の期待も大きい。しかし、工学系大学での

農業をターゲットとした研究開発は多いとは言えず、農業を始めとする第1次産業の問題を題材として学生が学ぶ機会は少ない。本プロジェクトでは、システム思考の工学をもとに現実的な農業支援システムを構築し、農業生産現場への先端技術の導入支援とその取り組みを通じて実践的な工学教育を行ってきた。目標は、システム工学教育のみならず各地域の農業におけるニーズとシーズを連携・統合させること、そしてプロジェクトへの協力者である農業生産者、関連企業、自治体、自治体外郭団体に対して少なからず貢献ができることだ。日本農業の多くを占める中小規模農業を対象とし、中でも付加価値の高い作物を少量多品目生産する若手の農業グループと連携をしてきた。

■農業支援プロジェクトにおける産学官連携

　この農業支援プロジェクトの遂行に何より必要だったのは、地域との連携だ。農業生産者グループはもちろんのこと、種苗会社や農業機器製造企業、流通販売企業などの他に、農業生産者へ様々な支援をする自治体や自治体の外郭団体との連携はプロジェクト推進の大切な要素だ。たとえば、さいたま市産業創造財団の支援を得て、市内の若い生産者グループのさいたまヨーロッパ野菜研究会や市内企業のトキタ種苗とのソフト開発や栽培データ分析を進めた。こうした取り組みは、トキタ種苗と農業機器製造のメーコー精機との共同研究へと発展し、埼玉県やさいたま市の農業関連研究補助金獲得につながった。石川県では珠洲市の協力のもと、若い生産者が作る合同会社ベジュールとともに、IoT機器による野菜栽培記録取得のプロトタイプシステム開発を行った。能登半島の生産者とミニシンポジウムなどを開催し、さいたま市見沼区の区民会議へは学生とともに委員として参加するなど、農業や食を通じた地域活性化活動を行ってきた。学生と取り組んだ活動は、新聞5社、月刊誌、農業業界向けWebジャーナルなどのメディアを通じて発信されたが、活動のメディア発信は新規の産学連携や市民講座での講義など、地域と大学との連携をさらに広げ、異なる地域間の人的交流も促進させた。

■農業工学支援プロジェクトの教育的効果

　工学系の学生のほとんどは農業に目を向けたことがない。そこで、学生はまず現状把握からスタートする。重視するのは、生産者や種苗・加工・流通の現場に足を運び、自治体や外郭団体にもヒアリングするなどの活動だ。抱いていた農業へのイメージと現実の違いに、学生は驚く。先進的な農業経営や物流の大切さなどは、学

生の想像を超えるものだ。次に、農業が抱える問題への解決策を学生は提案するの
だが、現場を知るプロジェクト協力者たちから非実用的で役に立たないと指摘され
混乱する。気を取り直して、現場の意見を取り入れ、システムを変更して再提案す
る。これを繰り返し、新しい技術応用を考え、授業で学んだ知識を統合してプロト
タイプ作成を行い、最終の提案システムへと到達する。教員はあくまでも黒子。そ
の重要な役割は技術やシステムへの助言、そして農家や企業や自治体等への協力要
請とプロジェクト遂行に必要な予算獲得だ。

　スマート農業という言葉さえ知らなかった学生が、現実的なプロジェクトを通じ
て機械やICT/IoT技術の実質化や工学の深い学びを実感する。生産者や地域を支え
る自治体関係者らと交流することで実社会の仕組みに触れる。持続的食物生産の
確立が地域文化を維持させることや農業への工学技術導入の社会的意義を学ぶ。ひ
いては自身の就業を考える機会ともなっている。取り組みは、「システム思考を用
いた農業グループ支援プロジェクト」として2016年度の社会人基礎力育成グランプ
リ関東地区大会で準優秀賞を受賞し、学生がプロトタイプ作成した害虫駆除ソフト
「ピクチュウ」はさいたま市ニュービジネス大賞2016学生起業賞を受賞した。学内
のCOC学生成果報告会では、企業や自治体からの参加者による投票で2016年度は
金賞に選ばれ、その他に銀賞2回、銅賞1回を受賞している。

■農業支援の技術研究と社会貢献

　プロジェクト推進にあたっては、連携をいただいている生産者、企業や団体に
とっても有意義な成果となるよう務めてきた。その主なものは、ICT&IoTシステ
ムを活用した地域間連携型の農業生産・販売支援システム構築だ。少量多品目生産
をする中小規模農業における問題は農家間の情報共有で、全国各地の農業グループ
が相互連携すると販売確保や通年作物供給が可能となる。ヒアリングや研究結果か
ら、農業者間での情報蓄積や共有には受発注、販売、栽培や気象などのデータを、
生産者自身が容易に記録し可視化できるスマートフォン対応システムが必要だと分
かった。そこで、ICT&IoTを活用した支援システムを開発した。

　まず、生産者のニーズを反映して受発注機能を実装させた。この機能は、さいた
まヨーロッパ野菜研究会に提供し、作付け計画作成に役立ててもらっている。さら
に、栽培記録の共有と可視化を目的に、WebシステムCondustryを開発した。同じ
品目を栽培する農家や農家グループごとの作付けから収穫までの過程が簡単なガン
トチャートで表示できるシステムで、スマホからも入力と閲覧が可能だ。トキタ種

苗の協力を得て、500品目以上の野菜をデータベースとし、スマホで撮影した画像が取り込める機能も付加した。栽培期間や収穫量、栽培に関するメモ（台風被害、病気や害虫発生など）や写真データが蓄積でき、過去の栽培過程が可視化できる。この蓄積データは次年度以降の栽培や新規就農者の役に立つ。スマホを用いた栽培記録の直感的な可視化機能も、メーコー精機との共同研究で進めてきた。このCondustryのプロトタイプをもとに、トキタ種苗は顧客である全国の農家の栽培状況を把握するシステムを構築し、栽培状況把握や支援に使い始めた。その他では、農作物の鳥害被害の50％近くを占めるカラス対策のための「カラスと対話するプロジェクト」への参加である。カラスの誘引音声を用い、農作物とは別の場所へカラ

図8.7 IoT機器を用いた温室栽培記録取得のプロトタイプシステム

図8.8 能登半島の若手農業生産者と学生によるミニシンポジウム

図8.9 学生が田植えに参加して現代の農業の現状を知る

図8.10 種苗会社の農業生産者指導に学生が参加して現状を知る

第8章 地域課題の解決はシステム思考　133

スを呼び寄せる試みだ。他大学や企業の専門家と協働し、野生のカラスの音声を組み合わせて誘引する実験を行い、効果が検証できた。こうした研究開発で生産者や企業の生産性向上に寄与できたことは農業支援プロジェクトの大きな成果だが、研究成果を学会発表するのも大学の役割である。そこで、Condustryの開発とユーザビリティ研究の結果をベトナムとタイの国際学会で、カラスとの対話研究の結果を日本の農業分野の学会で発表した。

8.6　グローバルとローカルをつなぐインバウンドビジネスプロジェクト

　観光というと誰もが身近に感じられるテーマである。日本の高等教育機関では、観光を学問や研究対象として捉え、大学では観光学を学べる学部・学科・コースなどが設置され、今後の発展が期待されている分野である。観光産業は地域による課題が多く、課題解決には経済学、経営学、社会学、地理学、情報学、工学といった領域横断的な知識、発想が必要だ。本プロジェクトでは、学生は地域の問題を発見し、システム思考を用いて課題解決に取り組んできた。インバウンド（グローバル）を活性化させるために地域（ローカル）の特異性を取り入れたサービスシステムを考えるプロジェクトである。

■地域の観光産業における課題発見から解決方法まで

　少子高齢化が進む日本の経済危機は深刻化し、海外からの観光客を増加させることで観光による大きな経済効果を生み出そうと2008年に観光庁が発足した。観光立国を目指す日本において、さいたま市は東日本の玄関に位置し、交流人口を増加させる重要なポジションにある。しかしながら観光産業に関しては勢いがない。外国人観光客にはさいたま市の知名度は高いとは言い難いと思われる。本プロジェクトでは学生にここまでの情報を与えて、具体的な問題発見や解決方法を考えさせる。本テーマに3年間取り組んできたが、毎年プロジェクトの開始時は学生自身の身近な経験からでしかその問題の定義や解決方法の発想が出てこない。観光、という身近なテーマ故に、今ある観光資源をSNSなどでPRする、といったありきたりなものである。新たに観光資源を作ってしまおう、これまでになかった方法でPRしよう、といったユニークな発想が乏しい。現場を見ずにインターネットからの情報のみで解決しようとしているからだ。先行研究や先行プロジェクトなど全く調べてい

ないことも多い。演習での指導やデザインレビューを通じて教員や自治体、企業からの参加者からダメ出しをされる。指摘を受けて実際に地域の観光資源を調査し、自治体や地元の企業へのヒアリングを通して、地域の観光産業の現状を把握していく。地域の現状を知ることは刺激となり、ここからニーズを分析し問題を発見・定義していく。最終発表までにサービスシステムを提案し、プロトタイプを作製、評価方法を計画するが、自分たちが考えたシステムの経過報告や意見交換のために、地元の自治体や企業、観光に力を入れている他県の自治体等を訪れフィードバックを多く得られたチームは、斬新な課題解決方法への着地が早かった。

■日本人学生と留学生が協力したプロジェクト

　本プロジェクトに取り組んだグループの多くが、留学生との混成チームであった。外国人観光客と視点の近い留学生とのフィールドワークやディスカッションは、日本人学生にとっては課題解決に向けて多くのヒントを得られ、留学生にとっては日本特有の地域特性や文化、まちづくりに対する知識を深めることができた。また、インバウンド観光の問題を取り扱うことにより、外国人観光客のニーズをとらえ、グローバルな視野や思考力を培うことができたといえる。

　留学生と日本人学生で活動することにより、お互いのコミュニケーション能力も向上する。タイ、マレーシア、中国、サウジアラビア、ルワンダなど、様々な国からの留学生が参加した。混成チームにおいては、英語でのコミュニケーションが必須である。ディスカッション、プレゼンテーション資料の作成などはすべて英語で行われた。英語が得意な日本人学生、日本語や英語が流暢な留学生ばかりではない。コミュニケーションに試行錯誤している姿も見られたが、プロジェクト中盤になると、意思の疎通も少しスムーズに行われるようになっていた。

　留学生と日本人学生混成チームならではのユニークなサービスシステムの提案を3つ紹介する。ピクトグラムを用いたマッピングシステムによる観光支援アプリの提案は、多言語に対応するためにピクトグラムを用いて観光資源や宿泊施設、飲食店を地図上に表示する、という発想だった。飲食店はハラルフード（イスラム教の戒律に沿って食べることを許される食事）に対応しているかどうかを合わせて表示し、その地図を使って次の目的地までにやりたいことを反映させていく、寄り道を含めた経路案内を提案した。ハラルフードの問題が取り上げられるのも、イスラム教徒の留学生がチームメンバーの1人であったことによる。

　次の提案は、さいたま市の伝統文化に着目した。市内で日本の文化や伝統工芸技

術を体験できる施設を広く知ってもらうため、それらの施設を紹介し、口コミも投稿できる観光口コミサイトを作成するというものだ。ニーズ調査のため学内の留学生へアンケートを行い、人気の高かったひな人形づくりを留学生と共に体験した。更には留学生に口コミサイトを評価してもらい、改善を重ねて最終提案が行われた。日本人学生、留学生での協働による提案であったといえる。

3つ目の提案はチーム内の留学生からのヒントにより、Photo Walkというイベントを開催して、イベント外での空き時間を利用した「観光支援アプリケーション」の開発を行うというものだ。Photo Walkは日本ではあまり行われていないが、外国人に人気のあるイベントである。カメラを持って歩行と撮影を楽しむ。交通手段を使わない歩行企画なので、観光地だけでなく道中の店などのさいたま市のライフスタイルを知ってもらう機会を提供するという提案だ。これは参加者が新たな観光資源となりうるものを発見できるという発想だ。留学生たちは観光客目線でアイデアを出していく。ルートは言語環境を調査して外国人観光客に対応している資料やサインボードがあるかどうかを考慮して設定した。これだけでは物足りない。イ

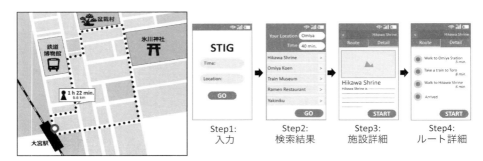

図8.11　Photo Walkの企画ルートと観光支援アプリの設計

図8.12　学生成果報告会での受賞とさいたま市役所でのヒアリングの様子

ベント外での空き時間を利用し、観光地だけでなく周辺施設での食事や買い物もサポートする「観光支援アプリケーション」の開発をした。観光システムの提案にはPRの問題というものがついて回る。Photo Walkの企画ルートをまわった際の動画をプロモーションビデオとしてYouTubeへアップした。留学生を対象としてアプリの評価も行った。このチームは、学内のCOC学生成果報告会で学内外からの投票により金賞を受賞した。

■合同プロジェクトの活動

　観光というとその移動手段も課題解決要素の一つとなる。2016年から2017年度は本書第Ⅲ部で紹介されているプロジェクト07「低炭素パーソナルモビリティと移動情報ネットワークサービスの開発」と共同で、さいたま市が事業を行っているコミュニティサイクル（レンタサイクル）を利用した観光システムの開発を行った。

　2016年度はコミュニティサイクルの認知度が低く観光客の利用が困難であることから、マップ上で簡単にポート（自転車置き場）の位置の確認ができ、走行距離のランキング上位者は景品がもらえるといったシステムを提案した。2017年度は利用用途が通勤・通学が主なため、休日での観光利用を活発化させるウェアラブル端末による道案内システムの提案であった。これらの課題を抽出でき、提案からその評価方法までを計画できたのは、コミュニティサイクルを使って現地調査をし、さいたま市役所でヒアリングを重ね、電源技術を扱う地元企業と意見交換をし、現状分析やニーズ分析に力を入れたことにある。それぞれ上述の学生成果報告会で銀賞、銅賞を受賞している。また、合同プロジェクトのため観光活性化に移動情報ネットワークを用いるというテーマに取り組むことができた。

■地域連携と社会への成果の還元

　本テーマに取り組んだ学生チームの様々な提案が高い評価を得られるまでにいたったのは、さいたま市商工観光部観光国際課、産業展開推進課からの多くの協力を得たことが大きい。また、サービスシステムに関する意見を求めて、茨城県観光物産課国際観光推進室（2018年9月現在は茨城県営業戦略部国際観光課）、東日本旅客鉄道株式会社大宮支社、株式会社ベルニクスなど観光の現場に携わる自治体や地元企業へのヒアリングも行い意見交換をしてきた。これら企業や自治体との連携に関しては、教員がすでに形成したコネクションも大事であるが、COC事業のコーディネーターのサポートによる自治体や中小企業とのマッチングも大きい。

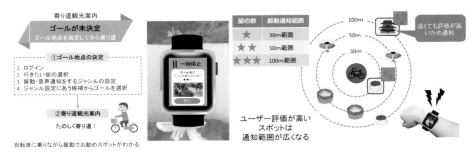

図8.13 合同プロジェクト提案：コミュニティサイクルの観光利用活性化システム

　プロジェクトの成果を演習内だけのものにするのではなく、社会へ発信することが求められている。定期的に開催されるCOCシンポジウムや学生成果報告会を通して、参加した自治体や企業、地域住民との質疑応答により活動の成果は地域に還元でき、学会発表で社会に広く発信できた。

8.7　まとめ：地域課題解決プロジェクトの3つのポイント

　繰り返しではあるが、異なる立場や考えのみならず多様な文化やニーズを持ったひと、もの、ことが絡み合う中で課題を発見し、総合的な課題解決に向かうことが地域の課題解決の新しい方向である。この中でのプロジェクト活動のポイントを記し、本章のまとめとしたい。

①たちの悪い課題への変換：学生が提示する「取り組みやすそうな課題」を「たちの悪い課題」に教員が再定義し、現場へ向かわせ答えを模索させる。

②システム思考：複合的なスキルや知識の組み合わせがカギ。多様な専門分野の学生や留学生で協働させて、新しい視点を切り開かせる。この際の共通言語がシステム思考。創意的かつ現実的な発想創出まで「既存の技術や要素の新しい組み合わせを考える」を何度も繰り返させ、魅力的な課題解決へ到達させる。

③コミュニケーションと現地現物：地域連携では産官学の間を学生が行き来して、現場とコミュニケーションが密に取れたかで、教育・研究・貢献の成果が決まる。課題発見や解決策をWeb検索のみに頼らず現場に足を運ばせること。

第9章

デザイン思考からの課題解決

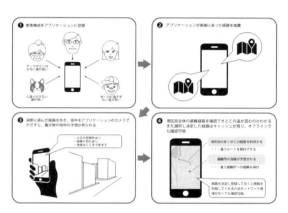

9.3 都心の災害対策を考えるワークショップの実施 より、作品図9.9のアプリケーションの提案

9.1 デザイン思考の持つ提案力を地域の問題解決にむける

　本章ではデザイン工学科で行った地域連携の問題解決プロジェクトのうち4つの例をあげ、デザイン思考を実践している学科ならではのアプローチを紹介する。

　デザイン思考は、現在、ビジネスや製品開発に多く取り入れられている問題解決の考え方である。デザイン思考のひとつは、デザイナーが普段行っている、クリエイティブな行為の際の思考で、筆記具やコンピューターを使いながら、製作物を徐々に具体的な形で表現（ビジュアル化）することである。もうひとつは、人間が何かを解決しようとするために行う、企画、設計行為すべてがデザインである、という捉え方のもとに、その思考を指すもので、前者より幅広い意味を言う。現在の社会で広く取り入れられているデザイン思考は、主に後者の意味合いが強い。

　近年、ゆるぎない地位の企業が突然経営不振に陥るなど、社会の予測が不確定になり、従来の経験やデータに頼った方法で取り組むことが難しくなってきた。こうした時代にはイノベーションが必要で、それを起こすことにデザイン思考が最適だと言われている。スタンフォード大学ハッソ・プラットナー・デザイン研究所は

『スタンフォード・デザイン・ガイド デザイン思考５つのステップ』という思考モデルを提唱している。以下がその５つである[1]。

(1) 共感（Empathize）：ユーザーの行動を理解し、寄り添い、何が問題なのかを見つける

(2) 問題定義（Define）：ユーザーニーズや問題点、みずからが考えることをはっきりさせる

(3) 創造（Ideate）：仮説を立て、新しい解決方法となるアイデアを生み出す

(4) 試作（Prototype）：問題に取り組み始める

(5) テスト（Test）：検証こそが解決方法

　プロジェクトの中では、これらの５つのステップをベースに、実際に学生たちに以下のことを指示している。(1)の共感ではターゲットとするユーザーの行動観察を実施する。行動観察は、現場に足を運び、発見をすることが重要である。それが難しい場合は問題解決に関係するユーザーの生活事象を画像に取ってきてもらったり、インタビューをしたりする。その中で、なぜそのような行動をするのか、心情を考察する。(2)の問題定義では、(1)の情報より、解決すべき問題点を明確にする。(3)の創造では、こうしたらいいのではないかなど、具体的なアイデアを多く出し、スケッチでビジュアル化を行う。スケッチの絞り込みは複数の関係者で実施することが望ましい。(4)の試作では、はじめにスケッチを具体的な形にするためにラフモデルを早くたくさん作る。立体感や使った感じを身体的に把握し、必要な機能や形状を整理していく。その後、最終品になるべく近い形状や質感でモデルを作る。(5)のテストでは(4)で作成した精度の高い試作品を用いて、他の人に見た目の印象や、使用感をヒヤリングする。目的が達成されたか確認し、改善点があれば検討を行う。実は、(1)(2)(3)について、プロのクリエイターは殆ど同時に行っている場合が多い。プロと学生の差は、アイデア出しの量と速さ、絞り込みの最適さにあるが、学生も経験を積むことでプロのクリエイターに近づくことができると考える。

9.2　地域発コミュニティーラボとの孫育てグッズ哺乳瓶の共同開発

　「BABA Lab（ババラボ）」はさいたま市の住宅街で主婦が運営している小さなベンチャー企業（運営：シゴトラボ合同会社）である。小さな子どもを持つ女性は

フルタイムではなかなか働けない状況がある中で、ババラボでは、手芸系の好きなものづくりをしながら、収入を得ることができる。それは、同じ地域のお年寄りが「ババラボ」に来て、子どもの面倒を見てくれるからである。女性は自分が仕事をしているすぐ横で子どもの面倒も見てもらえる安心感が得られ、お年寄りは人との会話や自分が役に立っているという自覚を持つことで心身ともに活性化できる。ババラボはさらにここで子どもの面倒を見るお年寄りの様子を観察しながら、世話をするためのグッズを企画しているのである。

代表の桑原氏が芝浦工業大学の橋田研究室を訪ねたのは2012年。赤ちゃんの世話をしているお年寄りが哺乳瓶について不満を募らせていたことがきっかけである。哺乳瓶は若いお母さん向けのデザインが多く、かわいい柄があり薄いファンシーカラーの文字が多い。女性受けするデザインであるが、お年寄りには非常に見づらく、熱湯を注ぐ時に火傷をすることがあった。また、赤ちゃんにミルクを飲ませるときに、握力の弱さから落とすことがあった。お年寄りにとって15分間哺乳瓶を持ち続けるのはつらいことである。このプロジェクトはこのような課題を解決する目的ではじまった。

卒業研究として取り組んだ女子学生はMさん。卒業研究は学生の一生にとって数少ない長期間を費やす研究の機会である。それを産学連携活動にすることにより、一層モチベーションが上がり緊張感をもって取り組むことができる。はじめに、主婦に人気の高い哺乳瓶を購入して、実際にお年寄りに使ってもらい、使用シーンをビデオ撮りして観察した。哺乳瓶が使用されるのはミルクを作る調乳時とミルクを与える授乳時がある（図9.1）。それぞれを観察した結果、やはり事前に聞いていた

調乳
●粉ミルクの入れやすさ
●お湯の入れやすさ
●キャップの閉めやすさ
●メモリの見やすさ
●混ぜる際の重さ

授乳
○どのように掴んだか
●掴みやすさ
○使い方が合っているか
○太さ/長さ/重さ
○どのように授乳したか

高齢者 n=10

図9.1　調乳、授乳の行動観察結果をもとに、デザイン案を構築した

第9章　デザイン思考からの課題解決　141

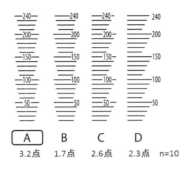

図9.2 哺乳瓶目盛りの表示案と5段階評価結果（平均点）

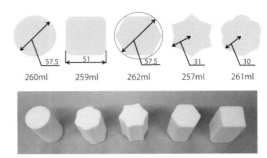

図9.3 断面形状のデザイン案。花形が採用となった

図9.4 最終製品はキッズデザイン賞少子化対策大臣賞などを受賞。BABA Labオンラインショップで販売されている
（http://baba-lab.shop-pro.jp/?pid=105214413）

不具合が確かにあることを確認でき、それを元に新しいデザイン検討に入った。まず目盛りの線と数字については色を濃い色にし、ラインの長さを変えて直感的にわかる表示にした（図9.2）。また形状は触れる面を増やすことで指先にフィットする断面形状を検討した（図9.3）。5つの形状をアンケートにて評価した結果、花形断面案が好評を得、最終デザインとした。このデザインはキッズデザイン賞少子化対策大臣賞ほか、ユニバーサルデザイン賞の金賞を受賞することができた。卒業研究で取り組んでから5年が経っていたが、提案で終わらせなかったババラボの桑原氏及びスタッフの熱意があってこその商品化である。また良いものは時が経っても支持されるということが証明された。卒業した担当学生も大変喜んでいて、今後の人生の励みになるであろう。なお、製品化においては、さいたま市の助成金を受けていたということで、産学官としての連携があったことも追記する。

9.3　都心の災害対策を考えるワークショップの実施

　2011年に東日本震災が起き、既に7年が経った。当時は地震災害の恐ろしさを目の当たりにし、多くの人が災害対応の重要さを理解した。しかしながら、時が経つにつれて人々はそれらを忘れかけている。避難袋や避難経路を確認するような簡単なことさえしていない人が多い。このプロジェクトでは、大きな災害を体験していない学生自身が災害について調査し、その対策や減災方法を考えることで防災意識を高めることと、ここで考えたことを地域の人々に向けて発信することで、地域の防災意識や大学と地域の協働意識を高められるのではないかと考えて行った。

　はじめに、学生自身が都心の災害とはどのようなものがあるかを調査した。実際の災害を体験した学生はいないので、インターネットや経験者へのヒヤリングにより、その状況を把握することにした。3年生メンバー10人により「災害の時に困る事」で調査を元にブレインストーミング※を行った（図9.5）。学生たちに災害の時に困る事をランダムに洗い出した後、時系列的に整理していった。その後、各自が

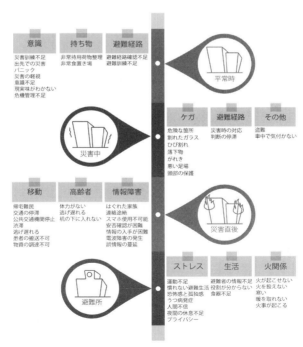

図9.5　災害時に困る事を時系列に並べたパネル

第9章　デザイン思考からの課題解決　143

自分の課題を設定し解決のアイデアを検討した。本件では、学外のプロのデザイナーを講師として招き、学生のアイデアについてアドバイスをし、提案の精度を高めるという体制をとった。デザイナーは普段、課題解決の際に行う手法としてユーザートリップという手法を使うことがある。例えば、道具を新しくデザインする場合は、はじめてそれを使うと想定して、使っている自分を観察する。つい見過ごしがちな小さな不満をメモ（録音録画）やマンガ絵などで記録していくことで問題点を抽出できる。それらが具体的なアイデアの源となっていくのである。このように

※ブレインストーミング：1つのテーマについてお互いに意見を出し合い、複数の人の発想を組み合わせてより良いアイデアを生み出していく会議手法。

図9.6 避難所での役割分担が一目でわかるバンダナ。現場で記入する白紙タイプもある

図9.7 避難時に持ち出す物の絵を印刷したシーツ。持ち物を置いてそのままシーツに包んで持って行ける

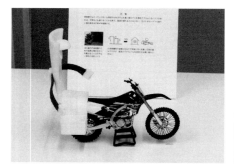

図9.8 狭い道や瓦礫の山を乗り越えられるバイクに、救助した人を後ろに乗せることができる椅子の提案

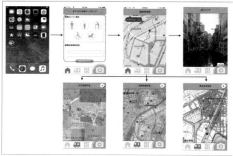

図9.9 災害時の風景をバーチャル表示して、注意する箇所を事前に知ることができるスマホアプリの提案

 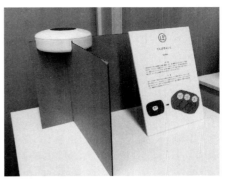

図9.10　冬の避難所は寒い。集まる物資の箱で子供が遊び、暖をとれる段ボールスーツの作り方の提案

図9.11　避難所の段ボール仕切りを固定しながら照明にもなる。心を落ち着かせる照明器具。ソーラー充電式

して検討したスケッチ案をプロのデザイナーに発表し、アドバイスをもらいながら具体的な提案に持っていった。これらの提案は、本学研究企画課の連携によって、港区芝浦港南地区総合支所の力添えを得、区内の公共施設（みなとパーク芝浦）で展示ができることとなった（図9.6〜9.11）。説得力のある展示にするため、一般の人々が見て、瞬時に分かるようなビジュアル化を心がけた。展覧会は、2018年1月15日から1月19日、港区芝浦港南地区総合支所が「防災とボランティア週間」に併せて開催する防災展と連携して行った。学生自身が説明員として会場に立ち、地域住民とコミュニケーションをとり、様々な感想をヒヤリングした。来場者は400人超えとなり、200人と想定した目標を大幅に上回ることができた。

　この活動は2016年から行っており、昨年はゲリラ豪雨などの水害対策として使う「土のう」を題材として行った。2017年には、その展覧会を見た東京都公園協会より、江東区の木場公園でも行ってほしいという要望があり、9月に実施している。このように展覧会を開催することで、さらに多くの地域に活動を広げられることが可能となった。

9.4　公共移動設備の安全安心を考えたグラフィックスの研究

　東京は、公共交通などの移動において非常に利便性が考えられているが、それゆえの危険が潜んでいる。その代表としてエスカレーターが挙げられる。駅や商業施設で多く設置され、手軽で楽な移動手段としてなくてはならない存在となってい

るエスカレーターだが、東京消防庁の調査では平成23年〜26年で5,308人がエスカレーター利用中の事故で搬送されており、平成26年では最多の1,443人となっている。この研究は、エスカレーターにおける安全で快適な利用環境を提供するためのグラフィックデザイン提案で、芝浦工業大学橋田研究室と株式会社アサイマーキングシステムとの産学連携体制で実施した。アサイマーキングシステムはエスカレーターへのシール貼りの特許を持ち、通常は施主側から与えられた絵柄（主に広告）を貼る業務を行っていた。しかし、近年JRなどからエスカレーターでの転倒防止のためのグラフィックを要請されてその対応に困ったことがあり、芝浦工業大学にデザイン工学部があることを知って連絡をしてきたという経緯である。

　この研究に取り組んだのは4年生女子のWさん。はじめに大学の最寄り駅であるJR田町駅のエスカレーターについて観察を行った。ラッシュ時の観察結果では4割が手すりを持たずに乗っていた。また駆け上りや駆け下りの危険行為もあった。どのようにしたら人々は手すりにつかまり、静かに立ち止まって乗ってくれるのか、という問題に対し、仮説として①手すり＝つかまりたくなるような、見ていたくなるデザイン、②ステップとライザー（立ち上げ部）＝心を和ませ、立ち止まっていても退屈しないデザイン、を考えることとした。検証方法としては、提案するグラフィックを実際にエスカレーターに貼ることで乗る人の行為が変わるかどうかを行動観察すること、また、使用直後の利用者にアンケートを実施することである。シールを貼るエスカレーターは、事例9.3の展覧会を開催した、港区芝浦港南地区総合支所に協力していただくことができた。丁度、港区自体もエスカレーターの事故防止対策を検討しようとしていたのでスムーズに実施ができた。

　第1回目のグラフィックは図9.12のように、利用者の心を和ませる柄として、ス

図9.12　1回目のデザイン案　動物柄
　　　（左：版下　右：貼ったもの）

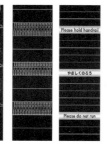

図9.13　1回目のデザイン案　グラデーション柄
　　　（左：版下　右：貼ったもの）

図9.14　2回目のデザイン案
バラ柄（左：版下　右：貼ったもの）

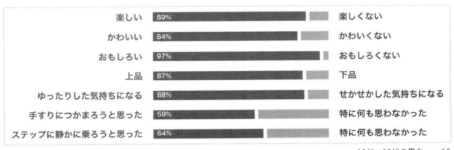

図9.15　提案したエスカレーターグラフィックの評価

テップに動物の足跡、手すりにその動物の形を施した。ライザーには英語と日本語で「手すりにつかまろう」、「やさしくのろう」と優しく語りかける文字を施した。よくある命令調の注意書きは、緊急時には必要だが、この場合はより心を落ち着けて静かに乗ってほしいため、優しい言い方に拘ったのである。また、柄の比較のためにドットグラデーションも貼った（図9.13）。実証実験の結果、アンケートでの質問「この試みに賛同しますか」では83％が「賛同する」であった。また、柄の比較では動物柄に人気があった。行動観察では多くの人は立ち止まって乗っていたが、動物柄のところでは子どもが興味を持ち過ぎて絵を見たさに逆走する危険な場面が複数回見られた。興味を引きすぎても良くないことがわかり、2回目の実験として、バラをモチーフに柄を考えた（図9.14）。バラは港区の花であり、また植物は動物ほど子どもの興味を引かないのではないかと考えた。結果、バラの柄では

子どもの逆走がなく、落ち着いて乗っていることが実証された。改良した柄についてのアンケートで、デザインの印象評価ではほとんどの人が、楽しい、かわいい、面白い、上品と肯定的な印象を持ち、86％の人が「ゆったりした気持ちになる」、59％の人が「手すりにつかまろうと思った」、64％の人が「ステップに静かに乗ろうと思った」と回答し、当初設定した目標を達成することができた（図9.15）。

9.5　芝浦工業大学お土産プロジェクト

　芝浦工業大学は歴史ある大学で理工系の私立大学では比較的人気のある大学である。最近では文部科学省スーパーグローバル大学創生支援事業にも採択され、より一層勢いを増している。このような芝浦工業大学であるが、まだまだそのブランド感が出ていないのが現状である。このプロジェクトは芝浦工業大学のブランドを向上させるような大学グッズを研究するものでデザイン工学部の古屋学部長の発案で「芝浦工業大学お土産プロジェクト」と命名された。本格的に行うために学生の卒業研究として位置づけ、しっかりとした調査を行い、具体的な物の提案までを行うこととして始めた。最近は、前述した大学創生支援事業のため海外大学の教員と交流の際、お土産を交換することがとても多くなった。海外の大学教員は、学生の優秀作品を製品化したスカーフやお皿など、実用を伴う美しいお土産を持参して来るのに対し、芝浦工業大学では記念品はあるものの、既存製品を流用しただけのものしかない。特にデザイン工学部はデザインで交流する学科として誇れるお土産品がない状態であった（図9.16）。研究に携わったのはものづくりが大好きな男子学生Iさん。研究の前半では①他大のお土産グッズの調査、②芝浦教員の芝浦グッズへの要望調査、③1年生が持つ芝浦工業大学のイメージ調査を行った。①について、K大W大は結構品数が多く、高価なお土産を取り揃えていた。②については、「使えるもの」「大学独自のもの」「美しくデザインの良いもの」の要望が多く、デザイン工学部以外の教員もできればオリジナルのお土産で実用性のあるものがほしいとの意見であった（図9.17）。価格は1000円位の他、学長学部長クラスには5000円という値ごろ感を把握することができた。③1年生の芝浦工業大学のイメージ調査では、他の理工系大学との比較、さらには総合大学まで含めての比較でも位置関係でほぼ中央であり、特に特徴がない、という結果であった。実際には研究成果があり、地域との連携や産学連携も盛んに行っているのにそれがアピールできていないということがわかった。これらのことから、デザイン提案では、ひとつに、研究

図9.16　従来から販売していた大学グッズの例（左：生協　右：国際部）

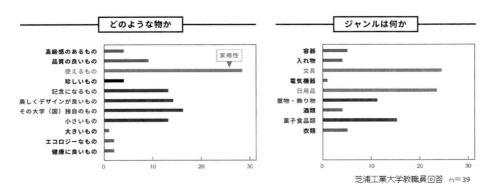

図9.17　学外の教職員への贈答品としてほしいもの

図9.18　最終決定した豊洲校舎をモチーフにした江戸切子の酒器

第9章　デザイン思考からの課題解決　149

が活動的に行われているというアピールのために研究室の成果を贈答品に応用できないかと考えた。もう一つは産学連携など地域との繋がりを大事にしている点をアピールするために、地域の伝統工芸を応用できないかと考えた。結果的に江東区の江戸切子の工房とコラボレーションを行うこととなった。当工房を運営する（有）清水商店は（財）伝統的工芸品産業振興協会の伝統工芸士でありその品質は高い。学生は工房を複数回訪ね、切子の技術を勉強すると共に、どのような柄が芝浦工業大学のお土産として相応しいか検討を行った。複数のデザイン案を検討し、美しさとコストのバランスを考え、最終的には豊洲校舎の外観をイメージしたモダンな柄とした。現在、校友会や父母懇談会などで販売を実施し、好評を得ている。

デザイン工学部の研究室では、他にも産学連携プロジェクトなどの実績があり、比較的製品化が簡単なものがある。2013年から2016年まで行った、柏洋硝子（瓶製造会社）とのプロジェクトでは、「高齢者が開けやすい食品用瓶」や、「取っておきたくなる瓶」があり、安価なタイプのお土産として活用できるのではないかと考える。

9.6　地域連携活動は、全ての関係者にメリットがある

今までデザイン思考を用いた具体的な実践経緯を中心に述べていったが、これらの事例をもとに、地域連携、それぞれ関わる人の立場から、メリットを抽出してみた（図9.19）。

まず、学生にとって地域連携活動は以下のようなメリットが考えられる。

参加することで研究に関わる様々な手法や知識を習得できることはもちろんであるが、研究において、現場が近いことで、提案をよりリアルに探求できることが大きい。そこで地域の人々とふれあい、地域を知り愛着を持つことができる。

また、地域活動に産学連携活動を取り入れた場合は、企業活動の一部となることでデザイナーや企画者として、はじめの一歩の経験を、学生時代に体験できるという利点もある。その際の社会人とのコミュニケーションは就職活動に活かすことができる。就職活動に関して言えば、こうしたプロジェクトによる作品数の増加はかなりポイントが高い。当学部のような理工系大学のデザイン学科では、芸術大学、美術大学のカリキュラムに比べ、圧倒的に演習授業が少ない。理工系大学としての学ぶべきカリキュラムがあるからで、やむを得ないことであるが、就職活動でデザイン部署を目指す場合は、演習授業の成果を集めた作品集で選抜されるため、演習

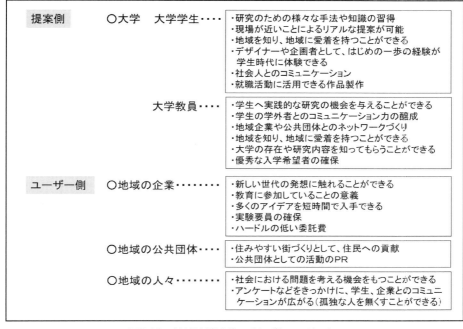

図9.19 地域連携活動 それぞれのメリット

授業が少ないことが不利になる場合がある。地域連携プロジェクト、産学連携プロジェクトに積極的に関わることで学生は作品数を増やすことができ、デザイナーや企画者としての成長が期待できるので是非推進していきたい。

次に大学教員についてのメリットであるが、先ほどの学生のメリットに関連する点として学生へ実践的な研究の機会を与えることができる、ということ、また、学生を学外者と引き合わすことにより、学生のコミュニケーション力を鍛えることができる。学生自身だけでなく、その地域に比較的長く勤務する教員も地域を知り、地域に愛着を持つことができること。さらに、長い目で見ると、広報活動を通じ、大学の存在や研究内容を知ってもらうことができ、優秀な入学希望者を確保しやすくなるということである。

そして、地域連携として地域の企業が大学と産学連携を実施した場合のメリットについて以下のようなことが考えられる。地域の中小企業では、企画者やデザイナーなど新しい用途やアイデアを生み出す人材が不足している場合があり、かといってプロの企画者やデザイナーに依頼するほどの予算がない。こうした場合に

大学のデザイン系学科に依頼すると、比較的費用が抑えられるというメリットがある。また、近年、若者をターゲットにした製品開発において、ライフスタイルや好みを知りたいというケースがあるが、大学は多くの若者の嗜好が調査できるフィールドがあり、大きなメリットである。

産学連携の実施スタイルとして、ひとつはアイデアコンテスト形式で、短期間に多くの学生からたくさんのアイデアを集めたい場合の方法である。特に、新しい技術に対する用途開発においては、若い世代の新しい発想がバリエーション豊かに確保でき、社内への起爆剤になる可能性もある。もうひとつのスタイルとしては、卒業研究形式として、1人か2人程度で、約1年間を期間としてじっくり研究を行う方法である。実験や、アンケート調査からの分析、それをもとにした提案など、深く掘り下げる場合に適している方法である。産学連携の場合は企業の担当者が学生を指導する場面もあるが、企業側の担当者の成長も期待できるのではないかと考える。このように地域企業にとって産学連携のメリットは確実にあるものの、目的を明確にして取り組み方法や互いの役割分担を決めておかないと、迷走したり、期待通りの結果が出なかったりするので、注意が必要である。

最後に、地域公共団体や地域の人々にとってのメリットである。最終的な目的はその街を豊かにし、住みやすく安心安全にしていくことである。紹介した事例9.3の場合は、大学がもともと行っていたワークショップを港区主催の防災イベントにうまく融合させたもので、展示会を通じて地域の人々に地域の問題を再考する機会を持ってもらうことができた。港区としては従来の展示にプラスすることで、よりアピール力のあるイベントになったのではないかと考える。事例9.4のエスカレーターグラフィックの場合は、産学連携プロジェクトとして発足したものだが、港区の施設を実験場にすることで、一般の人々に、その活動姿勢が港区の取り組みとして伝わることで機関としての頼もしさや信頼感につなげることができるのではないかと考えられる。当初、豊洲校舎のエスカレーターで実験する予定であったが、それでは大学と企業の産学連携にとどまっていただろう。港区の施設を使うことで、子どもからお年寄り、外国人までの多くの層に意見を聞くことができたことは大きい。

今回は、港区やさいたま市、江東区などの公共団体や企業の協力で成果を上げることができた。今後も、このような活動を通じて、地域や企業とのよい関係を構築していきたいと考える。

第Ⅲ部

データ

第10章
COCプロジェクトの総覧

10.1　COCプロジェクトとは

■大学COC事業とCOCプロジェクト

　芝浦工業大学の大学COC事業は、大別すると第Ⅰ部第2章で述べた「COCプロジェクト」と「事業全体の推進・とりまとめ」（COC本部・事務局機能）から構成される。

　COCプロジェクトとは、代表者および構成員の複数教員・学生により構成され、地域との連携のもと、具体的な地域を題材とした教育・研究・社会貢献を推進するものである。本学では、始動期は7プロジェクト、事業3年目以降は概ね20プロジェクトが活動を行い、5年間で延べ23プロジェクトとなった。

　本章では、COCコーディネーターの視点から、各COCプロジェクトを横断的に振り返る。各プロジェクトの概要は、以降のプロジェクト一覧に示すので、そちらもご参照いただきたい。

　なお、COCコーディネーターとは、各COCプロジェクトのサポート、会議・シンポジウム・活動成果報告書などCOC事業全体の推進・とりまとめ、連携自治体や地元団体・協議会などとの対外的窓口・事務局機能を担う大学職員である。本学では産学連携部門がCOC事務局を担っていた。従来のコーディネーター業務は企業との共同研究や企業マッチングイベント対応中心であったが、大学COC事業によって地域連携や学内とりまとめの役割が拡大されたと言えよう。

■学内におけるCOCプロジェクトの位置づけ

　文部科学省の大学COC事業においては、「地域志向教育研究経費」として、教育や研究の充実に活用するために設定された経費がある。本学では、この経費を配分して「COCプロジェクト」を立ち上げ、「教育・研究・社会貢献の一体的な実践」を推進したことが特徴であろう（従って「COCプロジェクト」は、あくまで本学

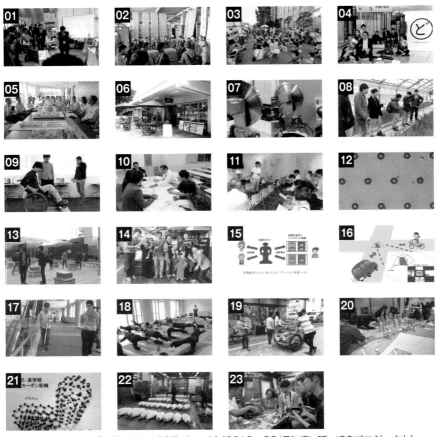

図10.1　COCプロジェクトの活動イメージ（2013〜2017年度、延べ23プロジェクト）

内での呼称である）。本学では実に大学COC事業予算のおよそ半分をCOCプロジェクトに重点配分しており、1プロジェクト当たりの配分額も特に初動期では平均150万円以上と潤沢であった。プロジェクト重視型であることが本学の特徴と言えよう。

　なお、全ての事例を確認したわけではないが、他大学では「教育」または「研究」のどちらかに適用している事例が多く、配分額も平均数十万円程度のものが多いように見える（本学でも普及期はプロジェクト数の増加に応じて平均30万円程度となっている）。

■学内でのCOCプロジェクトの運用

本学における「COCプロジェクト」運用の特徴としては、下記の3つが挙げられる。

①教育・研究・社会貢献の一体的運用

COCプロジェクトの学内公募にあたっては、第2章で述べられたように「教育」「研究」「社会貢献」の全ての分野について、地域志向の活動を行うことが条件となる。一言で「全ての分野」と言っても、一般に、先端的な研究になると一般市民も対象とした広い意味での社会貢献は難しく、また、広く多様な社会貢献を行えば先端的な研究テーマの絞り込みは難しくなる傾向がある。

全てをまんべんなく実行することは、言うは易く行うは難しというところであり、実際にプロジェクト申請において教員からの相談も多かった。なんとか全ての分野を網羅するように活動内容を調整し、教員も、各プロジェクト内で応じた。プロジェクトの特性によって分野ごとの軽重はあれど、3つの分野全てについて意識を配ることや活動を行うことは、各教員・学生にとっても、従来の枠組みを破る新しい挑戦になったのではないかと考える。

②教員グループによるボトムアップ型の始動

大学COC事業は、地域課題の解決を重視したプログラムであり、本学でも豊洲周辺や芝浦周辺、埼玉県・さいたま市における地域課題を定義している。ただし、これらの課題を直に受けてトップダウンでプロジェクトを組成するのではなく、毎年度に教員からの申請、審査を経てCOCプロジェクトを確定している。

この方式の課題としては、当初想定した地域課題との整合性がとりにくくなる可能性がある、または一見類似したプロジェクトが並行してしまうといったことが挙げられる。ただし、本学では、対外的に説明しやすいストーリーを構築するよりも、教員の持つ技術シーズや個別の課題からスタートし、実効的な取り組みを迅速に展開することを優先した。なお、全体のストーリー調整やプロジェクト間の連携は全学的なイベントで情報共有することでフォローしている。

③地域共創センターのプロジェクトとしての位置づけ

COCプロジェクトは、原則として学内の複数教員が連携したグループにより組成することとしており、教員の所属も必ずしも同じ学部・学科に限定されない。そこで、キャンパス・学部・学科を横断した組織として「地域共創センター」を新たに立ち上げ、各プロジェクトもその中で活動するものとして位置づけている。

「地域」はずっとそこに存在し、抱える課題も刻々と移り変わっていくものであるため、地域との連携窓口として同センターを立ち上げ、その中で各プロジェクト

が活動していくことで、持続的な地域連携活動を大学の体制面から支援するものとなっている。また、窓口と個別の取り組みが併存することで、部分的な取り組みが終了しても、全体的な連携に波及しないセーフティネット機能も期待される。

10.2　COCプロジェクトの概観

■「地域志向」とは？「プロジェクト」とは？

「COCプロジェクト」には2つの意味が込められている。一つは「COC：地（知）の拠点」としての「地域志向」である。もう一つは、「プロジェクト」として教育・研究・社会貢献を実施していくことである。

この「地域志向」と「プロジェクト」という概念は、各々2つの方向から捉えることができるように思える。図10.2は、延べ23プロジェクトを「地域志向」と「プロジェクト」の特性からプロットしてみたものである。「地域志向」は横軸「フィールド志向／企業志向」に、「プロジェクト」は縦軸「開発型／アクション型」に分類して軸を設定してみた。

各プロジェクトの中では多様な活動が行われているため、あくまで中心的な活動

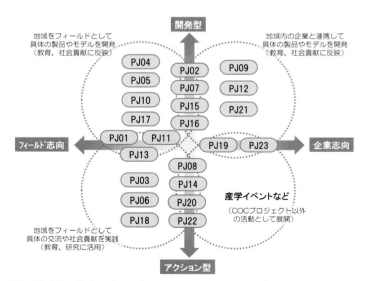

図10.2　「地域志向」と「プロジェクト」の特性から見た各COCプロジェクトの位置づけ（中心となる活動に着目したものであり、実際の活動はより広がりがある）

を、コーディネーターの主観から概観したものだが、だいたいの傾向が見えてくるのではないかと思う。

①地域志向の特性（フィールド志向／企業志向）──共通キーワード：「人」

「地域」という言葉を、一つには、一定の位置・範囲を持つ具体的な「フィールド」として捉える場合がある。例えば建築の設計演習では敷地レベル、広域交通計画、都心と地方の交流では行政区域を越えるレベルまで様々なフィールドがある。もう一つには、ある一定区域内の「企業」に着目し、企業に応じた課題や技術をふまえた共同研究などを推進するものである。

単純に考えると、前者が「まちづくり」、後者が「ものづくり」の方法論と言えそうだが、必ずしもそのように限定されるものでもない。例えば、地域の特徴的な産業の育成や地域内の経済循環に資する製品開発、地方都市の集落再生に取り組んでいく過程での商品開発、地域の特徴である木材産業や機械加工業と連携した商品開発など、両者が融合する取り組みも見られる。

フィールド志向、企業志向、いずれにせよ共通するのは地域の「人」と密接に関わることであり、大学の研究や学生の成長に欠かせない要素と言えよう。

②プロジェクトの特性（開発型／アクション型）──共通キーワード「実践」

「プロジェクト」は様々に解釈される用語だが、本学のCOCプロジェクトを概観すると、一つには、製品や手法を「開発」する取り組みが挙げられる。例えば、地域企業の技術と大学の研究が連携して新たな製品を開発する、新たな建築や都市計画のモデルを提案するなどといったもので、理系大学の教育・研究としてイメージしやすいかもしれない。もう一つには、地域の人と具体的な「アクション」を行うもので、フィールドワークや地域イベントなどが挙げられる。PBLの中でもサービス・ラーニングやアクション・リサーチを重視した教育・研究方法と言えるであろう。

もちろん、地域でのアクションを通してニーズ把握やプロトタイプの評価を行いながら開発を行っていくこともあり、どちらかを排他的に選択するものではない。例えば、ロボット技術といった開発型のプロジェクトがアクション型のまちづくりプロジェクトと連携し、地域での実証実験を行う事例もある。

いずれにせよ、大学COC事業の地域志向に加え、本学の教育理念である「実践型人材育成」が組み合わさり、現実の地域社会や企業活動に役に立つプロジェクトを志向していると言える。

なお、図10.2の右下の象限（企業志向×アクション型）にはCOCプロジェクトを

入れていない。ここに該当する取り組みとしては、例えば、企業と大学のマッチングイベントなどが考えられ、COCプロジェクトでも部分的にそのような活動は行っているものの、主に従来のコーディネーターが窓口となる産学連携活動として整理した。経済系の大学であれば大学COC事業の一分野として整理できるかもしれない。

■芝浦工業大学型COCの展開

芝浦工業大学の大学COC事業は、前述の通り、ボトムアップ型で開始されたが、事業の中間段階で、再度、「芝浦工業大学の特徴はなにか」、「今後、どう展開していくべきか」という議論を行った。図10.3はその際に整理した概念図である。以下、各項目について、議論の概要を整理する。

①地域志向科目の全学的履修

まず、学生が地域に視線を向けることが全てのきっかけであり、特に事業初期では「地域志向科目の全学的履修」を重点的に推進した。第2章で述べられているように、既存の必修科目を活用してその内容を「地域志向化」したことが本学の戦略的な特徴であろう。

事業3年目には工学部とデザイン工学部で、事業4年目にはシステム理工学部で必修化を行い、全3学部（当時）において、学生が少なくとも1度は地域志向科目を学ぶ教育カリキュラムを達成した。なお、学科によっては、結果的に10科目以上の地

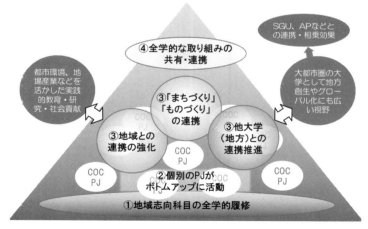

図10.3　芝浦工業大学の大学COC事業の特徴（事業中間段階での再整理）

域志向科目を履修する学生もいる。
②個別のプロジェクトがボトムアップで活動
　地域志向科目の全学的履修と並行して、COCプロジェクトを初年度から始動させている。前述の通り、学内公募によるボトムアップ型とすることで、多様な「地域志向」の特性（フィールド志向／企業志向）、「プロジェクト」の特性（開発型／アクション型）」が展開された。
③地域との連携の強化／「まちづくり」「ものづくり」の連携／他大学（地方）との連携推進
　本学の特徴をふまえた今後のCOCプロジェクトの方向性を議論した際に挙げられたキーワードである。主に、大都市圏に立地する私立理系大学としての特徴に着目したものとなっている。

・地域との連携の強化

　単に地域を学ぶだけではなく「実践」を行っていくためには、実際に地域に学生が飛び込んでいくことが重要であり、そのための活動拠点を形成しながら、地域との連携を強化していくことを考えた。

　COCプロジェクトでは活動当初から、埼玉県上尾市のUR都市機構団地内での大学施設「サテライトラボ上尾」の開設、豊洲キャンパスに隣接した「豊洲運河船着場」や「月島長屋学校」などサテライト施設の活用を行ってきた。その流れを発展させ、事業4年目には墨田区内で、連携協定締結先である東京東信用金庫のオフィスを活用して各プロジェクトが共有して活用できる拠点「すみだテクノプラザ」を開設した。また、地域内の各拠点施設も活用させていただくことで、より地域の繋

図10.4　大学のサテライト施設設置例（左：すみだテクノプラザ）と地域施設の活用例（右：みなとパーク芝浦）

係者に身近な交流に取り組んでいる。

　もちろん、単に空間を設置しただけでは地域連携の活動は生まれない。これらの場を運営するための体制構築もセットで考えていく必要がある。詳細は第4章（地域活動拠点）や第3章（協議会・研究会）をご参照いただきたい。

・「まちづくり」「ものづくり」の連携

　本学は、4学部16学科を擁する理工系大学であり、その中には、建築や都市計画、土木などに代表されるまちづくり、機械や電気、電子などに代表されるものづくりを学べる様々な専攻がある。これらのリソースが個別に地域と連携するのではなく、組み合わさって連携することで、より的確に、広い範囲で地域課題の解決に取り組むことが可能になる。

　COCプロジェクト自体が複数の教員により構成されるものであり、複数学科の教員が含まれるものも多いが、更にそこを越え、プロジェクト間連携による取り組みの可能性を模索した。代表的な事例としては、まちづくりにおけるロボット技術の活用であり、前述の地域拠点も活用しながら積極的な実証実験を行った。詳細は第6章をご参照いただきたい。

・他大学（地方）との連携推進

　本学は、港区や江東区、さいたま市という大都市圏に立地している。これらの地域は、未だ人口増加を続けている日本では稀有な地域であり、人口減少や高齢化、少子化に悩む地方部とは異なる状況にある。とはいえ、これらの地域にも特有の課題はあり、COCプロジェクトも当初はこれらの地域のみを対象としていた。

　ただし、大都市圏は決して単独で存在しているわけではなく、また、大都市圏の大学であるからこそ地方部の活性化に貢献することも重要な使命であろう。ちょうど本事業の期間は、地方創生や交流人口の拡大が全国的な課題となりつつあり、大学COC事業も、地（知）の拠点大学による地方創生推進事業（COC+）へと舵を切った時代でもあった。

　COCプロジェクトでも、農業分野における地域関連系の支援、集落地域の再生や6次産業化支援などに取り組み、大都市圏と地方の共生関係を模索してきた（詳細は第8章［8.5］）をご参照いただきたい）。2015年度からは宇都宮大学のCOC+参加校としてさらなる展開を模索中である。

④全学的な取り組みの共有・連携

　COCプロジェクトでは、本学の教員数約300名のうち70人〜80人の教員が、毎年の構成員として関わってきた。ただし、本事業は全学的な事業であり、これらの取

り組みが学内で普及することが重要である。各年度の成果報告書を全教員に配布したり、シンポジウムを開催したり、様々な取り組みを行ってきたが、幸いにして本学は比較的コンパクトな大学であることもあり、情報共有が順調に行われていると考えている。

学内のアンケートによると、本学の地域志向の取り組みは、95％以上の教員に認知されている。また、50〜60％の教員が何らかの形で地域を対象とした教育、または研究を行っている。COCプロジェクトの参加教員は各年度で教員数の1/4程度なので、表に出やすいプロジェクト活動以上に実際の地域志向活動が展開していると言えるであろう。

10.3　COCプロジェクトの意義とこれから

■ "気づき" と "ことづくり"

本学COC事業のキャッチフレーズは、『「まちづくり」「ものづくり」を通した人材育成事業』であるが、大学COC事業の取り組みが定着してきた2016年度の地域共創シンポジウムでは、「その先にあるもの」についても議論がなされた。

例えば、「まちづくり・ものづくりの先にあるものは、あるいは共通するものは、大学と地域が共に新たなストーリーを構築することではないか」、「それは、いわば "ことづくり" と言えるであろう」、「その端緒となるのは、価値観やコミュニティの再認識"気づき"であろう」という議論である。

"気づき" は、まちづくりの世界でも使われてきた言葉であり、外部の専門家だけに頼るのではなく、地域が自分たちの持つ価値に気づくことが重要で、その気づきがないと主体的・持続的な活動にならないという文脈で使われる[1]。

また、ハーバード・ビジネス・スクールでは、Being（認）/Doing（技）/Knowing（知）という教育モデルを実践しているが、その中でも近年に重視されているのが"気づき"に近い"Being"という概念であり、従来型の事例型から体験型のプログラム充実を図っている[2]。

COCプロジェクトの意義は、まちづくり、ものづくりの実践を通し、地域と学生の双方が"気づき/Being"を得て、新たなストーリー"ことづくり"を展開したことにあるのではないかと考えられる。

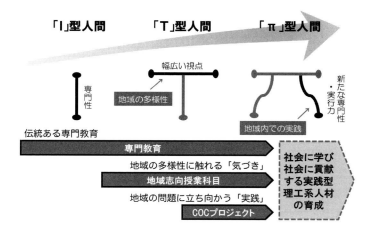

図10.5　大学COC事業の取り組みと人材育成の展開イメージ

■人材育成――"T型人材・π型人材"

　また、特に人材育成という観点から見ると、COCプロジェクトは、いわゆる"T型人材"の育成に大きな意義を持っているように思える。T型人材とは、深い専門性（Tの縦棒）と幅広い視点（Tの横棒）を併せ持つ人材像であり、グローバル化や人口減少など社会が大きく変化していく中で創造性を発揮できる人材として期待される。

　本学は理系大学であることから、教員や学生も必然的に理系人材の範囲内に収まる。伝統ある専門教育による深い専門性は得られるものの、学内のリソースだけでは、広い知見を得るためには不十分な側面も正直あった。

　その点、「地域」は、まさに「幅広い視点」の宝庫である。それが大学の専門教育と結びつくことで、専門性が地域課題を解決する手段となり、社会貢献にも繋がることを、学生たちは地域連携を通して実感することができる。つまり「気づき」を得ていくのである。

　そして、「T型人材」の先には、複数の専門性を兼ね備え全体調整もできる「π（パイ）型人材」という発展形がある。COCプロジェクトの「実践」には、臨機応変な調整力や多様な地域課題に対応するための新たな専門知識の習得が必要であり、学生たちは知らず知らずのうちにπ型人間としての素養を身に着けていると感じる。

■COCプロジェクトのこれから──"事業"から"文化"へ

①プロジェクト活動の自立化

「地域」は、大学の活動に関わらず存続していくものであり、まずは、せっかく定着しつつあるCOCプロジェクトを持続的に展開させていくことが必須である。ただし、具体的にプロジェクトを動かしていくためには最低限の予算が必要である。

文部科学省事業としての大学COC事業は2017年度で終了したが、実は本学のCOCプロジェクトでは、事業終了を待たず2016年度から先行的に学内資金への移行を行っている。2016年度は既存のCOCプロジェクトのフレームを変えず試行的に学内資金化を行った。2017年度はさらに、従来からの学内事業である「FDSD活動助成（教育・研究方法の改善を目的とした学内資金）」へ移行を行った。これにより、文部科学省事業の終了後も持続的に地域志向のプロジェクトを実施できる事業体制を構築した。

2017年度（文部科学省事業最終年度）は18プロジェクト、2018年度（事業終了後1年目）は19プロジェクトが地域志向として活動を行っており、プロジェクト活動の自立化としては順調なスタートを切ったと考えられる。

今後は、限りある学内予算を補完・充実させるものとして、関係者によるリソース提供の充実（共同研究、研究奨励寄付、場所の提供など）、外部資金の獲得、エリアマネジメントによる活動費の捻出などが課題となる。

②学内の多分野展開

本学では大学COC事業の事務局機能は産学連携部門が担っていたが、活動自体は全学的に展開しており、関係部門との連携の中でも地域志向の取り組みが進展している。

例えば、一般市民を対象とした「公開講座」では、2020年東京オリンピック・パラリンピックをふまえた地域再発見やおもてなしなどを重点テーマとしている。また、本学は地域志向化と同時に「グローバル化」も強化しているが、国際ワークショップや国際共同研究など、世界と地域を結びつける様な活動も始動しつつある。更に、教職員は直接的には関与せず、学生が自主的に活動を提案して大学が一定の資金的支援を行う本学の制度「学生プロジェクト」でも空き家対策や防災など地域志向の活動が展開されており、学生の主体性に基づく、学科や学年を越えた持続的活動として期待される。当然ながら、「共同研究」をはじめとした産学連携においても連携自治体との共同研究件数は増加している。

今後とも、学内の地域連携に対する情報を共有し、調整を行っていくことが必要

であり、大学COC事業を契機に設立された地域共創センターの重要な役割である。

③「共に学び、共に生き」ながら創る地域資源

　最終的には、大学が「地域」を考えるのは当たり前であり、地域も「大学」と連携するのは当たり前であるという「文化」が形成されると本学の地域志向も定着したと言えるのではないか。言わば「地域と大学」から「地域も大学も」という状態である。

　その実現に向けては、学内外の体制構築や活動資金の確保、教育・研究と社会貢献の関係性構築など、ハードルはたくさんあるが、大学がもつ専門性をいかしながら、自然体で地域と共に学び、地域と共に行きていく関係が構築できれば、その活動や成果、信頼関係が大学のさらなる特徴と魅力となり、また、地域ブランド形成の一助ともなるのではないだろうか。

　現代社会において「知」の集積はそれ自体が地域資源にほかならない。大学COC事業で構築した活動と体制は、地域と大学が共に成長するエコスパイラルのモデルとして、今後とも双方にとってますます重要となると考えている。

　次頁からは、5年間に渡るCOCプロジェクトの概要を紹介する。さらに、参考データ集として各種取り組みや成果の補足情報を示す。なお、各年度の成果報告書はウェブサイト（http://plus.shibaura-it.ac.jp/coc/）からもダウンロードできる。

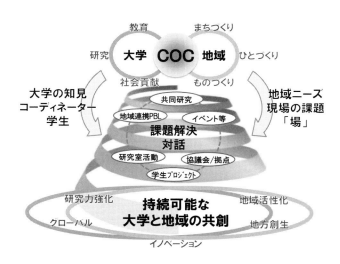

図10.6　大学COC事業の取り組みと人材育成の展開イメージ

芝浦工業大学COCプロジェクト一覧

※各プロジェクト（PJ）の概要は、170ページから順に掲載。

PJ No.	プロジェクト名称	H25	H26	H27	H28	H29	江東区	港区	さいたま市	埼玉県
01	ロボット技術による見守り・健康支援等スマートタウン構築	▶	▶	▶	▶	▶	●			●
02	木材業者との連携による居住環境の改善	▶	▶	▶	▶	▶	●			
03	江東内部河川や運河の活用とコミュニティ強化	▶	▶	▶	▶	▶	●	●	●	
04	都心の災害を考えるワークショップ実施と展覧会の開催				▶	▶	●	●		
05	芝浦アーバンデザイン・スクール	▶	▶	▶	▶	▶	●			
06	まちづくりコラボレーション〜さいたまプロジェクト	▶	▶	▶	▶				●	●
07	低炭素パーソナルモビリティと移動情報ネットワークサービスの開発	▶	▶	▶	▶				●	●
08	システム思考を用いた地域間連携型農業支援		▶	▶	▶	▶			●	●
09	機械系ものづくり産業地域との連携による技術イノベーション創出のための実践教育		▶	▶	▶					●
10	地域課題解決思考を通じた土木技術アクティブラーニング		▶	▶	▶	▶	●	●		
11	気候変動と地震災害に適応したレジリエントな地域環境システム		▶	▶	▶	▶			●	●
12	ものづくり中小・大手メーカーとのマイクロテクスチュア技術教育			▶	▶	▶	●			
13	東京臨海地域における安心安全の都市づくりを推進するロードマップの作成			▶	▶	▶	●			
14	インバウンドビジネスを創出するグローバル・ローカリゼーション			▶	▶	▶			●	
15	地域コミュニティにおける生活コミュニケーション活性化技術			▶	▶	▶			●	
16	豊洲、大宮地区の車載センサを応用した交通安全対策活動			▶	▶	▶	●		●	
17	豊洲ユニバーサルデザイン探検隊				▶	▶	●			
18	学生のサポートを生かしたロコモ予防のためのシニア向け運動教室					▶			●	
19	デザイン工学と経営学の両輪による地域人材の育成	▶	▶	▶					●	
20	（仮称）芝浦まちづくりセンター			▶					●	
21	マイクロ・ナノものづくり教育イノベーション		▶	▶	▶		●			
22	中央卸売市場移転事業　豊洲サイバーエンポリウム			▶	▶		●			
23	地域密着型の技術系中小企業による新製品開発の支援			▶	▶				●	

COCプロジェクトマップ　　プロジェクトの主な地域

　COCプロジェクトの対象地域は下記の2地域に大別される（実際には1つのプロジェクトが複数地域を対象とするケース、東京や埼玉エリアと地方部との連携なども見られる）。

【東京ベイエリア】
●豊洲・芝浦キャンパスが立地する江東区や港区周辺では、2020年の東京オリンピック・パラリンピックなども見据えた人口や産業の変化、水辺の活用などが求められる。

【埼玉エリア】
●大宮キャンパスが立地する埼玉県・さいたま市では、北関東の玄関口としての拠点性と首都圏郊外の住宅地の両面性から、居住・産業・商業・交通などのあり方が求められる。

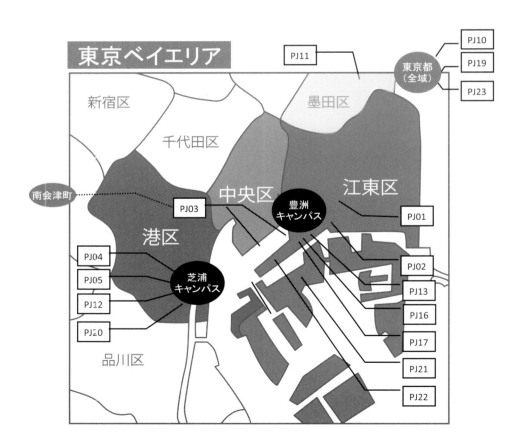

168　第Ⅲ部　データ

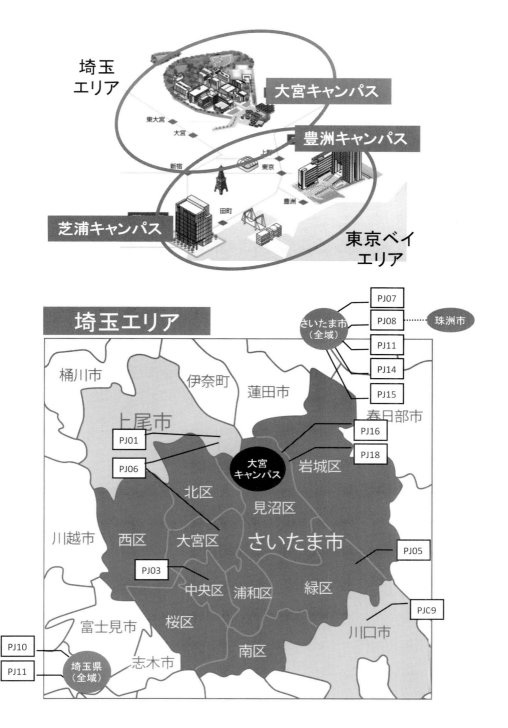

PROJECT 01

「ロボット技術による見守り・健康支援等 スマートタウン構築」プロジェクト

〈概要〉

　下町地区では少子高齢化が進む一方、人のつながりを大切にする地域でもあり、災害対策やお年寄りの安否確認・健康管理、防犯など深刻な課題がある。

　本学が研究を進めてきた共存型ロボット、遠隔ロボット技術や移動ロボットの技術を活かしたロボットネットワークシステムの構築を図り、地域のQOL（クオリティ・オブ・ライフ）向上を図る。本課題は日本や世界でも共通の課題であり、新しい地域モデル創出に繋がる。

　地域の商店街、高齢者団地、資料館などでの実証実験を通して、研究者ばかりでなく多くの学生がニーズと研究との繋がりの重要性を認識することができた。

〈データ〉

【 連 携 地 域 】　**江東区／中央区／埼玉県（上尾市）**
【PJ実施期間】　**2013年度〜2017年度**
【 参 加 教 員 】　**ＰＪ代表者：松日楽信人（機械機能工学科）**

内村裕（機械工学科）／水川真、吉見卓、長谷川忠大（電気工学科）／島田明、佐々木毅（デザイン工学科）／菅谷みどり（情報工学科）／油田信一（SIT総研）など

◇◇◇◇◇◇◇◇◇◇◇◇◇◇◇◇◇◇《教育・研究・社会貢献の特徴》◇◇◇◇◇◇◇◇◇◇◇◇◇◇◇◇◇◇◇

教育

■ニーズ側の地域住民や専門家とのネットワーク構築

　本プロジェクトでは、ロボット技術活用の有用な方策として、高齢者の見守りを挙げている。機械機能工学科3年の「創成ゼミナール」では学生による福祉機器の提案、国際福祉機器展への参加などを行った。発表会では、上尾看護専門学校の先生方をお招きし現場側からの意見を伺っている。同校とは、高齢化が進む団地での実証デモを通してネットワークができた。

研究

■地域との連携を通した課題解決手法の研究

　ロボット技術の実現では、地域で実際に有効に活用される「キラーアプリケーション」を探すことが重要となる。上尾市の原市団地（高齢者見守り）、深川江戸資料館（おもてなし）、深川商店街（活性化）など、具体的な課題を持つ地域でロボットネットワークによる実証実験を行い、地域の意見をフィードバックしながら、実際に役立つ活用方法を研究している。

■共通ソフトウェアを用いた複数研究室の連携

　学生がプロトタイプを容易に構築できる、各研究成果をネットワーク化させて将来的な地域展開を図ることを視野に入れ、共通ミドルウェアであるRTM（RTミドルウェア）、共通通信プロトコルであるRSNP（Robot Service Network Protocol）をベースとしている。これらを共通ネットワーク技術として、学内コンソーシアムや複数研究機関による研究会を構築している。

社会貢献

■展示会・シンポジウム・講演会・コンテストなどを通した積極的な情報発信

　東京ビッグサイトで開催される「国際ロボット展および Japan Robot Week RT交流プラザ」への出展、「ベイエリアロボティクスフォーラム」の開催を継続的に行っている。また、日本ロボット学会を始めとした講演会での発表、RTMやRSNPコンテストへの参加を行い、多数の賞を受賞している。これらが、研究成果の社会還元と同時に学生のモチベーション向上にもつながっている。

170　第Ⅲ部　データ

〜ロボット技術とネットワーク化によりまちなかでのロボット活用に挑戦〜

《トピックス》

■複数研究室の連携によるロボットネットワークの実証デモ

共通ソフトウェアを用いることで、複数研究室間の連携が容易になる。Robot Week RT交流プラザの展示では、インタフェースロボット、モーションセンサ、カメラマンロボット、インタラクティブディスプレイなどを空間知サーバのもとで連携させ、ロボット記念撮影システムを構築、展示した。また、会場内にアンケートロボットとセンサを複数台設置することで、会場内の人の動きを計測する仕組みを学外研究機関と協力して構築した。

■深川江戸資料館・深川商店街と連携した実証実験の継続

2014年度から継続的に深川江戸資料館で実証実験を行っている。写真撮影、受付、移動案内など、回を重ねるごとに、現場のニーズを受けながら内容も充実している。2016年度からは周辺の深川商店街でも店舗の協力を得てロボットネットワークの実証実験を行っている。複数のアンケートロボットやセンサをネットワーク化することで、商店街の活性化に役立つように、リコメンドや人の流れを計測する試みを行った。

■まちづくりプロジェクトとの連携による新分野への展開

2016年度の豊洲水彩まつりでは、水辺の活用を推進するプロジェクト03と連携し、ロボットによるクルージングガイドの実験を行った。建築の学生がガイドを行っていたものだが、ロボットがベースとなるガイドを行うことで、学生は個別に臨機応変な説明が可能となる。インタフェースロボットは通常固定した場所で使われるが、GPSとクルーズの組み合わせによる新しい活用方法が開拓された。2018年度はインバウンド対応など新しい応用も視野に入れた。

PROJECT 02 「木材業者との連携による居住環境の改善」プロジェクト

〈概要〉

　江東区の一部地域ではマンションの老朽化と居住者の高齢化が進んでいる。一方、江東区の地場産業である木材流通加工業の経営は厳しく、建設熟練工は慢性的な不足状態にある。本活動は地域のマンション再生と地場産業の振興、建築分野の労働力不足という社会的課題に、複合的・多面的に取り組んだ。

　設計演習、卒業・修士論文などにおいて、江東区を検討対象とする、地元自治体職員に講評をいただくなどの取り組みにより、学生の地域への理解力、問題発見力、学修内容を地域の課題解決に応用する実践力の習得を目的としている。

〈データ〉

【 連 携 地 域 】　**江東区**
【PJ実施期間】　**2013年度〜2017年度**
【 参 加 教 員 】　**PJ代表者：南一誠（建築学科）**
　　　　　　　　郷田修身／小沢雄樹ほか（建築学科）

◇◇◇◇◇◇◇◇◇◇◇◇◇◇◇◇◇◇◇◇《教育・研究・社会貢献の特徴》◇◇◇◇◇◇◇◇◇◇◇◇◇◇◇◇◇◇◇◇

教育

■行政の協力による地域の公共施設を対象とした建築設計演習
　大学COC事業の連携に基づき、江東区の公共施設を対象とした建築設計演習を継続的に行っている。区より敷地設定に助言をいただき、周辺地域を含めた都市計画的な視点も含めて提案を行うものであり、最終報告会には区職員（施設担当、都市計画・地域担当）にも参加、講評をいただくことで、学生にとっては、地元について学ぶ機会となると同時に、地域性への配慮や実務的な視点から貴重なコメントが得られる機会となっている。

研究

■地域の建築特性と課題解決方法に対する研究
　江東区における年齢別人口分布、民間分譲マンション立地状況を分析し、今後のインフィル（内装、設備）改修の需要特性を研究している。また、共同住宅の可変性向上技術として、共同住宅の改修履歴や住まい方の変遷の調査を行っている。これらの研究が本プロジェクトの背景ともなっている。

■全国に展開可能な課題解決方法の研究
　建設業では熟練技能工の不足が問題となっており、将来的には居住者自身がマンションの改修を行うことを目指したインフィル構法の開発研究を行っている。また、マンションリフォームでニーズがある遮音性の高い木材フローリングの開発にも取り組んできた。木材という地域産業を対象としつつ、全国に約600万戸存在するマンションの再生への展開を視野に入れている。

社会貢献

■地域企業との合同研究会や発表による知の交流
　木材加工流通業が抱える課題や先端技術の可能性、世界の木造建築の事例などを交えながら、木材活用の可能性について意見交換すると共に、学生にとっては木材という建築素材の可能性を考える場として、合同研究会を行ってきた。

～地域の課題である高経年住宅の再生と木材産業の活性化を一体的に推進～

◇◇◇◇◇◇◇◇◇◇◇◇◇◇◇◇◇◇◇◇◇◇ 《トピックス》 ◇◇◇◇◇◇◇◇◇◇◇◇◇◇◇◇◇◇◇◇◇◇

■深川図書館および周辺エリアを対象とした建築設計演習

「建築設計演習III（3年生・選択必修）」では、江東区立深川図書館およびその周辺を対象に、「成熟社会における市民の文化活動拠点としての図書館」をテーマに設計演習を行っている。学生にとっては、100年を越える歴史を持つ図書館、清澄庭園や清澄公園など豊かな地域資源を再発見すると共に、学生独自の視点から課題を発見し、これからの公共施設、公共サービスの在り方や都市環境の整備を考える場となっている。

■セルフビルドの木造インフィルの設計・製作

集合住宅の内装に使用できるセルフビルドの木造インフィルの設計・製作を行った。国宝茶室、妙喜庵待庵（伝1582年、千利休作）の軸組みを原寸大で製作したり、材料費3万円程度で製作できるインフィルユニットを開発したり、量販店で入手可能な部材だけで製作可能なユニットを開発したりして、種々の可能性を模索した。学内イベントや学外アートイベントでの展示・活用なども積極的に行った。

■地域木材企業との合同研究会「新木場木まつり」の継続開催

地場産業である江東区新木場の木材企業と、2008年より継続的に合同研究会や公開シンポジウムを行ってきた。木材、木造建築、木構造に関して先進的取り組みを行っている研究者、実務者によるシンポジウムであり、本学の学生だけではなく、他大学の学生、地域住民、地元企業、行政関係者らが自由に参加できる開かれた学びの場としている。

PROJECT 03

「江東内部河川や運河の活用とコミュニティ強化」プロジェクト

〈概要〉

　江東区・中央区・港区の河川や運河は、アメニティや景観の向上、都市環境改善、観光振興などに向けて、再生と活用が求められている。また、都心回帰に伴う人口の増加が続く一方で、日常時のふれあいや緊急時の相互扶助などで重要な地域コミュニティが希薄化している。これらの地域課題を対象として、PBLや地域志向科目を導入した。また都心部においては、河川・運河の活用や歴史的資源を、地域コミュニティ形成の触媒としつつ、アクション・リサーチを推進した。

　都心部との交流・地域連携を促進することで、中山間地域の再生や郊外都市のコミュニティ強化にも取り組んでいる。

〈データ〉

【連携地域】　江東区、中央区、港区、さいたま市、南会津町など
【PJ実施期間】　2013年度～2017年度
【参加教員】　PJ代表者：志村秀明（建築学科）

堀越英嗣、郷田修身、原田真宏、篠崎道彦、桑田仁、清水郁郎、佐藤宏亮（建築学科）/遠藤玲（土木工学科）/松日楽信人（機械機能工学科）

◇◇◇◇◇◇◇◇◇◇◇◇◇◇◇◇◇◇《教育・研究・社会貢献の特徴》◇◇◇◇◇◇◇◇◇◇◇◇◇◇◇◇◇◇

教育

■地域志向科目の推進
　建築や都市計画は地域志向教育が行いやすい分野であり、4学科15科目で幅広く地域志向教育の推進を行った。これら科目の半数以上がPBLであり、実際の地域に入り込み作業することを理念としている。一部のPBLについては江東区の公共施設「深川東京モダン館」で市民を対象とした展示会・発表会を継続している。

研究

■地域と連携したアクション・リサーチ（活動的研究）
　水域活用の社会実験として「船カフェ」や「豊洲水彩まつり」を実施している。実施主体である豊洲地区運河ルネサンス協議会のコアメンバーとして企画段階から関わっている。また、月島地区に残存する長屋を活用した活動拠点では、「月島路地マップ」の作成や多様な世代が参加できるイベントなどを開催している。これらの社会実験を、成果を検証するための調査研究と一体で行っている。

社会貢献

■地域課題の解決に向けた行動を実践するサービス・ラーニング
　アクション・リサーチによる活動は、具体的に地域課題の解決に向けた行動を実践するという点で直接的な社会貢献活動となる。また、研究過程で地域の市民、NPO、企業、自治体との共同に調査・分析・提案を行うことで、学生と地域が相互に学ぶ知の交流という効果も併せ持つ。

～地域資源を活用しながら地域住民と学生がまちづくりを実践～

《トピックス》

■豊洲地区運河ルネサンス協議会による水辺空間活用の推進

「豊洲地区運河ルネサンス協議会」は、東京都の計画に基づき、地域の住民・事業者などにより設置された地域団体である。本学は、研究室が活動に参画すると共に事務局を担う中核メンバーとなっている。江東区と協議会、大学が協定を結ぶことで船着場の積極的な活動が可能となる体制を構築した。また、協議会の各種イベントに研究室が企画段階から関わることで、学生が地域に知識を還元しつつ、社会実験の円滑な実施につながっている。

■月島長屋学校での活動を通したコミュニティの強化

「月島長屋学校」は、路地が残りつつ再開発が進む月島地区のリノベーションした長屋を活用した地域連携拠点である。路地と長屋の街並みとコミュニティの魅力を海外にまで発信するために製作した「月島路地マップ」の英語版は、国際コンテストWalking Visionaries Awardsの受賞作品に選ばれた。若い世代も増えていることから、多世代のまちづくりへの参加を促進するために、「こどもみちおえかき」や「オープン長屋」などのプロジェクトも行っている。

■中山間地域や郊外都市への展開

都心部は、それ自体が単独で存在しているわけではなく、地方や中山間地域と相互依存関係にあることで都心部自体の活性化も成り立っている。中山間地域にあり、過疎化と産業の衰退が著しい南会津町では、都心との交流促進から集落再生の活動を支援している。また、将来の人口減少と財政負担の増大を見越して、さいたま市で取り組まれている公共施設再編では、都心部で開発してきたワークショップの手法を用いて、市民や自治体内部の合意形成を支援している。

PROJECT 04 「都心の災害を考えるワークショップ実施と展覧会の開催」プロジェクト

《概要》

都心部においても災害は無視できない問題であり、地震やゲリラ豪雨、密集地の火災など多くの災害リスクが潜んでいる。

本プロジェクトでは、大きな災害を体験していない学生自身が災害について調査し、プロデザイナーとの協働を行うことで、プロダクトデザインの観点から災害時の防災対策や減災方法を提案した。

学生の防災意識を向上させつつ、現実の災害を想定することで実践的なデザイン能力の向上を図る。ひいては、現実に災害が起きた場合でも何らかの形で地域に貢献できる人材の育成を目指す。

《データ》

【連携地域】 港区、江東区
【PJ実施期間】 2016年度〜2017年度
【参加教員】 PJ代表者:橋田規子(デザイン工学科)
　　　　　　　吉武良治、梁元碩(デザイン工学科)

◇◇◇◇◇◇◇◇◇◇◇◇◇◇◇《教育・研究・社会貢献の特徴》◇◇◇◇◇◇◇◇◇◇◇◇◇◇◇

教育

■都心部の災害を考えるワークショップ

都市の災害について、港区協働推進課やプロデザイナーによるレクチャーを行い、その現状や対策を学んだ。また、デザイン工学の観点から社会的な問題をデザイン的に解決するための方法論を学び、それらをふまえ、PBLとして災害対策のプロダクトデザインを行った。プロデザイナーのアドバイスにより、制作や実践における提案精度の向上を図った。

研究

■都心部の災害調査

都市の災害について、現地調査を行うと共に、「災害の時に困る事」をテーマにブレインストーミングを行い、プロダクト提案の基礎とした。調査およびブレストの成果については、一般市民にもわかりやすい形で展示するためのモデル制作、効果的なプレゼンテーションを研究した。

社会貢献

■都心の災害を考える展覧会

2016年度より、港区芝浦港南地区の施設「みなとパーク芝浦」で開催される「防災とボランティア週間」と連動した展示を行っている。2回目である2018年度は400名程度の来場があり、地域住民が防災・減災を考える新しい視点を提供すると共に、学生にとっては地域住民と直接コミュニケーションをとる貴重な機会となった。

176　第Ⅲ部　データ

～防災・減災対策を具体的なプロダクトデザインで提案～

《トピックス》

■みなとパーク芝浦「災害とボランティア週間」における展示

2017年度はゲリラ豪雨に着目して様々な「土のう」をテーマに提案を行った。2018年度は、より広範に災害を捉え、災害前・避難時・避難所などの状況に応じた防災・減災プロダクトの提案を行った。特に、ミニチュア土のうで水をせき止めるシミュレーションゲーム「土のゲー」は、来場者に人気であった。会場となるみなとパーク芝浦は、大学キャンパスの近傍にあり、港区の連携窓口も本施設内にあることから、種々の連携協力を得られている。

■都立木場公園での展示への展開

2016年度の展示について情報を得た都立木場公園の関係者より声がけをいただき、同内容を2017年度に木場公園内の展示施設「木場ミドリアム」でも開催を行った。同公園は大規模救出・救助活動候補地にも指定されている防災公園であり、活動内容が水平展開した事例となった。また、この活動をきっかけとして、都立公園協会とは本プロジェクト以外での連携も展開している。

PROJECT 05

「芝浦アーバンデザイン・スクール」プロジェクト

〈概要〉

　大学が行政、市民、企業と関わりながら建築都市計画における教育、研究、社会貢献、国際交流、地域連携を融合的に展開することを目的とした。

　2013年度から港区芝浦海岸地区で始動し、さいたま市や柏市内へも展開を図りながら、都心と郊外、既成市街地と新市街地、水辺と内陸などを対比かつ相補しながら進めた。また、アジア各都市の協定校と国際ワークショップを行っており、世界の都心水辺地区を題材とした研究、提案も行った。

　これらの取り組みを一体的に推進することで、地域住民や自治体を交えながら建築、都市、地域の未来を探った。

〈データ〉

【連携地域】　港区、さいたま市
【PJ実施期間】　2013年度～2017年度
【参加教員】　PJ代表者：前田英寿(建築学科※)

桑田仁、篠崎道彦、谷口大造(建築学科※)／横山太郎(デザイン工学科)、藤原紀沙(元・デザイン工学科)
※2017年度からデザイン工学科兼担

◇◇◇◇◇◇◇◇◇◇◇◇◇◇◇◇◇《教育・研究・社会貢献の特徴》◇◇◇◇◇◇◇◇◇◇◇◇◇◇◇◇◇

教育

■地域に実在する建築物を題材とする建築都市設計演習
　「プロジェクト演習8」(3年)において、継続的に地域に実在する建築物を題材とした設計演習を行った。実施に当たっては地域の自治体や不動産業者から施設見学や建物資料などの提供を受けたり、講評会への参加をいただいたりした。2013～15年度は港区文化財である旧協働会館を、2016年度からは運河沿いに建つ築40年の民間ビルを題材とした。

研究

■都市形成に係る調査の実施と公表
　地域を題材として研究、提案を行うための基礎資料として、港区芝浦地区の都市形成に係る調査研究を行った。研究成果は、学会・シンポジウムなどで公表すると共に、わかりやすいパネルや都市模型として表現し、イベントで地域にも公開した。

■現実の都市空間を対象とした計画・建築の提案
　さいたま市浦和美園地区、柏市柏駅周辺地区を対象としたまちづくり組織(アーバンデザインセンター)と連携し、即地的な研究を行った。浦和美園地区では研究室活動と組織的に連携した「都市デザインスタジオ」を継続しており、マスタープランや仮設建築の提案を行った。

社会貢献

■大学独自の公開講座から自治体の公開講座への移行
　港区芝浦港南地区総合支所が主催する公開講座「知生き人(ちいきじん)養成プロジェクト」に教員が講師として定期的に参加した。大学COC事業当初は本プロジェクトで独自に公開講座を行っていたが、自治体の公開講座プログラム開設に伴い発展的に融合したものであり、持続的な地域連携への一助となった。

～教育・研究・社会貢献と国際交流を一つのブランドとして推進～

《トピックス》

■プロジェクト演習科目における「水辺の建築再生」提案

芝浦キャンパスに近い運河沿いにある築40年の鉄筋コンクリート7階建てビルを題材としてリノベーション（改築）とコンバージョン（転用）の企画・設計演習を行った。当ビルを管理する不動産企業に、資料提供や視察、特別講義、発表講評会への参加などで協力を仰いだ。当ビル自体が運河沿いに開放する形でリノベーションを行っている最中の建物であり、学生には、自分の提案と実際の改築を比較しながら学ぶ契機となった。

■グローバルPBLと連携した国際ワークショップ

本学のスーパーグローバル大学（SGU）事業と連動し、海外協定校を招いて港区などを題材にした国際ワークショップを行った。学生にとって、韓国、タイ、マレーシアなどの学生との国際交流を通しながら、自分たちが通う地域（ローカル）を国際的な視野（グローバル）から見直す契機となった。資料提供と視察案内、関連施設見学、発表講評会への参加などで港区の協力を仰いだ。

■学生の提案を通したまちづくりの検討・実験

さいたま市浦和美園地区は土地区画整理事業などによる新市街地が開発中の地域であり、大学によるまちづくり提案「みその都市デザインスタジオ」を行った。2016年度は「地域住民にも来街者にも居心地の良いスタジアムアクセス空間」、2017年度は「仮設的・暫定的空間利用から紐解く次世代の新市街地デザイン」をテーマに提案を行った。提案成果の一つである竹製街具については、地域の協力により実際に試作・試用実験が行われた。

PROJECT 06 「まちづくりコラボレーション 〜さいたまプロジェクト」

〈概要〉

　高度成長期に形成された既成市街地では、団地の老朽化や居住者の高齢化、市街地更新の停滞など、様々な問題を抱える。本プロジェクトでは、実際に団地内に設けた拠点「サテライトラボ上尾」や地域が設置した拠点「まちラボおおみや」を舞台として、地域の多様な主体の協働による都市・地域計画システムによる研究・提案・実証実験を行った。まちづくり系の演習科目では従来から地域志向のPBLを行っていたが、大学COC事業を受けて地域連携が強化され、学生の教育効果が高まると共に、地域にとっても拠点を活用した取り組みが実践された。

〈データ〉

【連 携 地 域】　さいたま市、上尾市など
【PJ実施期間】　2013年度〜2017年度
【参 加 教 員】　PJ代表者：作山康（環境システム学科）
　　　　　　　　中村仁、澤田英行、中口毅博、増田幸宏（環境システム学科）

◇◇◇◇◇◇◇◇◇◇◇◇◇◇◇◇《教育・研究・社会貢献の特徴》◇◇◇◇◇◇◇◇◇◇◇◇◇◇◇◇

教育

■地域活動拠点をベースとするPBL
　都市計画・まちづくり系の大学院・学部の演習科目では、従来から特定の地域を対象としたPBL型の計画・設計演習を実施しているが、大学COC事業を受けて、地域との連携をより強化した教育プログラムに発展させた。連携のプラットフォームとなる運営委員会を立ち上げ、演習等の提案成果を基に関係団体と連携して実証実験を実施している（2017年度は原市カフェ、餅つき大会など）。

研究

■地域活動拠点をベースとする卒業研究・修士研究
　学外の地域活動拠点をベースとする卒業論文、修士論文の研究を通じて、地域の課題である「超高齢化に対応した都市環境の形成、地域の安全性の向上、低負荷環境の創出、経済力の維持・向上」および、その実現のための「多様な主体の協働による都市・地域計画システムの創出」に関する先進的かつ実践的な研究を行い、実社会に役立つための研究成果を提案としてまとめている。

社会貢献

■運営委員会形式を通した地域活動拠点の運営
　「サテライトラボ上尾」は、地域の関係者の会合や諸活動に利用されており、地域に直接貢献する場として有効に機能しているとともに、企業や市民団体との共同研究や連携活動が拡大展開している。大宮駅周辺では「まちラボおおみや」と連携した演習、商店街と連携したイルミネーションなどを実施し、さいたまトリエンナーレにも参加している。

180　第Ⅲ部　データ

～地域の拠点を舞台に多様な主体の協働による計画システムの創出を実践～

《トピックス》

■教育・研究・交流の拠点としての団地内施設「サテライトラボ上尾」

2013年度に大学COC事業採択を受け、上尾市の原市団地内に設置した大学施設である。当団地および周辺地域では、団地の老朽化、居住者の高齢化や自治会加入率の低下などへの対応が課題となっていた。自治会、看護専門学校、UR都市機構、上尾市などの協働による運営委員会を立ち上げ、大学の演習や実証実験、地域の会合や活動の場として活用している。本プロジェクト内の教員はもとより、他プロジェクトとの連携のプラットフォームともなっている。

■学生プロジェクト「COLOR MY TOWN」との連携

学生プロジェクトは、学生の自主的な活動を大学が支援するものであり、本プロジェクトにおいては、社会貢献分野の拡充として連携・活用している。イルミネーションやペイントなどにより、地域の参加と活性化を図るものであり、2016年度「さいたまトリエンナーレ2016」への参画や「カトリック大宮教会」、「大宮駅東口商店街」と連携し、地域を超えて各場所に表出する活動を行った。2017年度は、「さいたま市立春野小学校」で小学生とワークショップを実施した。

PROJECT 07 「低炭素パーソナルモビリティと移動情報ネットワークサービスの開発」プロジェクト

〈概要〉

　　さいたま市は、東西を結ぶ公共交通網が不足しており、狭い道路が多く、交通渋滞緩和と低炭素社会実現のために、高齢者も安全・安心に外出・移動するためのパーソナルモビリティの開発が求められている。

　　また、市で運営するコミュニティサイクルの利用を促進する技術イノベーションが必要である。

　　このような背景のもとに、本プロジェクトでは気軽に利用できる低炭素モビリティとして自転車を取り上げ、安全・安心に高齢者などの移動弱者でも利用できるように、転倒防止システムを開発し、またコミュニティサイクルの情報ネットワーク化による付加価値の高いサービスを創生する。

〈データ〉

【連携地域】　　**さいたま市、埼玉県、川口市**
【PJ実施期間】　**2013年度〜2017年度**
【参加教員】　　**PJ代表者:古川修(大学院理工学研究科)**

長谷川浩志、伊東敏夫(システム理工学部機械制御システム学科)／山崎敦子(工学部共通学群英語科目)／間野一則(システム理工学部電子情報システム学科)

◇◇◇◇◇◇◇◇◇◇◇◇◇◇◇◇《教育・研究・社会貢献の特徴》◇◇◇◇◇◇◇◇◇◇◇◇◇◇◇◇

教育

■**学生が機械・電気電子・制御の各技術分野における開発プロセスを実体験**
　　自転車の転倒防止システムのプロトタイプの設計・製作・実験評価を通して、社会に出てすぐに役立つスキルを身につけることができた。
■**PBL授業を通して、観光にも役立つサービスシステムのプロトシステムを作成**
　　大学院理工学研究科の授業である「システム工学特別演習」、「産学・地域連携PBL」を通して本プロジェクトに取り組み、実社会でのプロジェクト開発のスキルを身につける成果をあげた。

研究

■**独自の制御方法による基盤技術完成により、実用化への展望が大きく拓けた**
　　ジャイロ効果を利用した自転車の転倒防止システムのプロトタイプを開発し、実験評価によって有効性が確認出来た。
■**シェアサイクルの情報ネットワーク化により観光案内システムの基盤技術が完了**
　　プロジェクト14「インバウンドビジネスを創出するグローバル・ローカリゼーション」との連携により、那須高原などの観光地での実用化への展望が大きく拓けた。

社会貢献

■**さいたま市と連携した実証実験を開催して、成果をさいたま市に還元**
　　また、プロト機の開発にあたり、川口市の企業と連携し、中小機械加工メーカーと大学が連携したクラウド開発体制による、技術イノベーション創生の実施プロセス例を示すことができた。
■**シェアサイクルの情報ネットワーク化によるプロトサービスの枠組みが完成**
　　急激に増加しつつあるシェアサイクルビジネスへ向けた新たな独自サービスの実用化に目処を立てることができた。

～技術イノベーション創生により、さいたま市の交通関連施策に貢献～

《トピックス》

■2輪車転倒防止システムのプロト機の基本機能確認までの経緯

2016年度にジャイロ効果を用いた転倒防止システムのプロト機の組み立て完成。

2017年度はコントローラ、ドライバ、モータ、センサー、電源系などのサブシステム間の通信の調整、フィードバック制御系のプログラム作成・搭載、制御パラメータを調整して、自立機能を完成。プロト機の機能実験により、ロール角センサーのオフセット除去などの技術課題が明確となり、それに対応する制御ソフトを追加し、基本機能確認が完了。

■展示会・学会発表、さいたま市と連携した転倒防止システム実証実験と一般公開

- 国際学術シンポジウムFAST-zero'17で展示
  2017年9月19日-21日　奈良市国際フォーラム　自動車の予防安全技術分野の専門家が注目。
- 日本機械学会「交通・物流部門委員会大会」論文発表
  2017年12月4日-5日　大阪市立大専門家から大反響。
- 川崎市国際環境技術展での動画展示
  2018年2月1日-2日　とどろきアリーナ　自転車単体の自立動画に来場者から大反響。
- さいたま市と連携した実証実験
  2018年3月1日　本学大宮校舎　数名のモニターが自転車を試乗走行、本システムによる転倒防止効果が実証され、テレビ・新聞等で紹介。

■「シェアサイクルを用いた寄り道観光案内サービス」の那須高原への展開

那須町インバウンド協議会の主幹メンバーに、シェアサイクルの情報ネットワーク化による観光サービスシステム「シェアサイクルを用いた寄り道観光案内サービス」について報告を行い、このサービスシステムの那須高原での展開について本学と那須町が連携してプロトタイプ適用を検討していくことが合意された。

PROJECT 08 「システム思考を用いた地域間連携型農業支援」プロジェクト

〈概要〉

　付加価値の高い作物を少量多品目生産する中小規模農家は安定供給や栽培ノウハウ共有を目的にグループを形成することが多い。こうした農業グループは全国各地にあるが、相互連携することで販売確保や市場への通年作物供給が可能となる。

　本プロジェクトでは、地域間連携型の農業生産・販売を支援するICTシステムを構築し、IoT機器での栽培データ取得と可視化を行った。また、農業関連企業や自治体と連携し、新農業支援モデル創生と農業活性化を図り、地域間の人的交流の促進にも貢献することができた。プロジェクト参加を通じて、学生にシステム思考を現実化させる手法を学ばせることができた。

〈データ〉

【連携地域】　さいたま市、埼玉県、石川県など
【PJ実施期間】　2014年度～2017年度
【参加教員】　ＰＪ代表者：山崎敦子（工学部共通学群英語科目）
古川修（大学院理工学研究科）／伊藤和寿（システム理工学部機械制御システム学科）／
村上嘉代子（工学部共通学群英語科目）ほか

◇◇◇◇◇◇◇◇◇◇◇◇◇◇◇◇◇◇◇◇《教育・研究・社会貢献の特徴》◇◇◇◇◇◇◇◇◇◇◇◇◇◇◇◇◇◇◇◇

教育

■大学で学んだ技術を実質化させることで、工学技術の深い学びに繋がる
　工学系授業では触れる機会が少ない日本の第一次産業の現状や地域産業、コミュニティーについて学修の場を与え、工学手法による農業支援研究を通じて大学で学んだ技術を実質化させることで、工学技術の深い学びに繋がる。

■社会人との交流により実社会の仕組みを理解し就業についても考える機会となる
　同世代の農業従事者や地域社会を支える自治体関係者と交流することで、実社会の仕組みを理解し、自身の就業について考える機会ともなる。

研究

■データを容易に記録し可視化できるスマートフォン対応システムが必要
　農家へのヒアリングや受託研究結果等から、少量多品目生産を行う農業者間での情報蓄積や共有には、農業者が受発注、販売、栽培や気象のデータを容易に記録し可視化できるスマートフォン対応システムが必要であることがわかった。

■500品目以上の農作物をデータベース化したシステム開発
　種苗メーカの協力を得て、500品目以上の農作物をデータベースとした栽培記録と情報共有のシステムを開発した。スマートフォン撮影画像やメモの保存もできる。

社会貢献

■若手農業者の新規参入促進や継続的な地域間連携の基盤形成に貢献
　開発したWebシステムは農業グループ間、種苗会社、販売・流通企業と農業者間での連携を進め、中小規模農業経営や若い農業者の栽培と販売を助けることで、新規参入促進や継続的な地域間連携の基盤形成を促す。

■食を通じた地域コミュニケーション活性化活動に貢献
　見沼区区民会議へ学生と委員として参加し、食を通じた地域コミュニケーション活性化活動を行った。

184　第Ⅲ部　データ

～IoTシステム構築により、少量多品目生産する中小規模農家を支援～

《トピックス》

■農業支援ICT & IoTシステム

スマートフォンからも入力、閲覧可能で、作付けから収穫までの過程を簡単なガントチャートで表示するWebシステム、Condustryを開発した。農家グループ内で栽培状況が把握でき、卸やレストランからの受注が容易となるほか、システムに入力した作物の栽培期間や収穫量、栽培に関するメモ（気象、病気や害虫などのメモ）や写真データが蓄積できる。このデータにより、過去の栽培過程が可視化でき、次年度以降の栽培に役立てることができる。

■カラス被害対策の研究

カラスによる農作物全体の被害額は鳥害被害の45.8%を占めている。対策として、カラスの誘引音声を用いカラスを農作物とは別の場所へ呼び寄せる方策が考えられており、この研究の一端を担い野生のカラスに対してカラスの音声で誘引する実験を行い、その効果を検証した。実験結果は、餌よりもカラスの誘引音を流したほうが短い時間で飛来することを示した。今後の共同研究では、ドローンを用いた誘引実験を継続する。

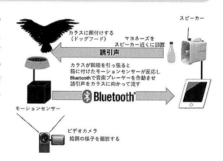

■農業系プロジェクトの工学教育的効果

工学系教育カリキュラムでは第1次産業の問題解決のための工学手法を学ぶ機会は少ないが、本プロジェクトに参加した学生は、都会型農業と過疎地での農業を支援する活動を通じ、現在の農業機械やIT技術、工学技術の実践的な応用のみならず食物生産や地域文化、持続的生産システムの確立が地域の文化を持続させること、また農業を支援するための工学技術研究の社会的意義も学んでいる。

PROJECT 09

「機械系ものづくり産業地域との連携による技術イノベーション創出のための実践教育」プロジェクト

〈概要〉

　川口市には、様々な機械製作技術を有した中小企業が存在し、これらの企業が連携することによって大企業と同じように問題創出、開発・試作を発揮できると考える。そこで、本プロジェクトでは、システム思考の工学を用いた演習を通じて、イノベーションを創出するためのアイデア創出、産学連携によるプロトタイピング、問題発見、開発を進めた。

　この教育プログラムを実施することで、現実問題に対する問題発見のための方法論の実践、プコトタイプの作成、デザインレビューを通じたコミュニケーションスキルの向上が期待できる。

〈データ〉

【連携地域】　川口市
【PJ実施期間】　2014年度〜2017年度
【参加教員】　PJ代表者：長谷川浩志（システム理工学部機械制御システム学科）
古川修（大学院理工学研究科）／山崎敦子（工学部共通学群英語科目）／渡邉大（機械制御システム学科）／井上雅裕、間野一則（電子情報システム学科）

◇◇◇◇◇◇◇◇◇◇◇◇◇◇◇◇◇◇◇《教育・研究・社会貢献の特徴》◇◇◇◇◇◇◇◇◇◇◇◇◇◇◇◇◇◇◇

教育

■**学生が川口市の中小企業と一緒になって解決すべき問題を発見する**
　この演習履修者は、「システム思考」、「システム手法」、「システムマネジメント」の考え方や技術を踏まえて、実際の課題に適用する。
■**この演習を通じて、学生に実体験させ、総合的問題解決能力を身につけさせる**
　この教育プログラムを実施することで、現実問題に対する問題発見のための方法論の実践、プロトタイプの作成、デザインレビューを通じたコミュニケーションスキルの向上が期待できる。

研究

■**本プロジェクトでは農業用ロボットと折りたたみ自転車を製作対象とした**
　川口市には、様々な機械製作技術を有した中小企業が存在し、これらの企業が連携することによって、大企業と同じように問題創出、開発・試作力を発揮できると考える。
■**高い技術力を用いて製作することによる川口市の認知度向上を目的とした**
　ここでの課題は、複雑な形状の加工技術や軽量で頑丈な材料の選定などがあるため、川口市特有の技術に注目した。川口市には高い技術力やノウハウを生かした優れた製品を認定する「川口i-mono（いいもの）ブランド認定制度」が存在する。

社会貢献

■**従来は大企業が担っていた企画・開発の部分を試みることができる**
　問題解決プロセスを大学と企業が共同で実施し、得られたアイデアやプロトタイプを川口市の機械系中小企業が試作することにより、企画・開発を試行することができた。
■**新たなビジネスチャンスを生むことができると考える**
　今後は、実現に向けてより具体的なプロトタイプの開発を進めるとともに、折り畳み自転車で得られたアイデアを連携企業と学生名で特許出願する予定である。

186　第Ⅲ部　データ

～大学と連携することで、従来は大企業が担う企画・開発を中小企業が試みる～

《トピックス》

■除草作業用の農業用ロボットの製作

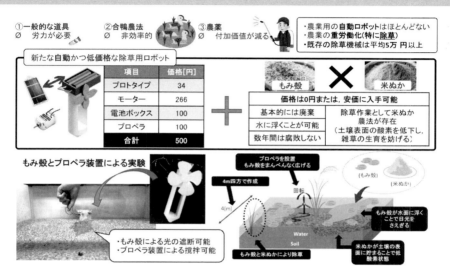

■折りたたみ自転車の軽量化と折りたたみ時の小型化に成功

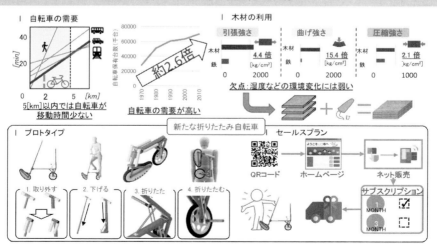

PROJECT 10

「地域課題解決思考を通じた土木技術アクティブラーニング」プロジェクト

〈概要〉

土木エンジニアは、防災対策から経済活性化策まで幅広い地域課題への対応が求められる。東京湾岸域周辺は都市開発やインフラ整備が進捗中であり、官公庁や企業が構想・計画しているが計画決定に至っていない難プロジェクトが存在する。

地域課題の基礎的な習得、実プロジェクトと同様の検討ステップをふまえた計画提案、住民に対するわかりやすい技術の説明など、段階的なPBLを実施した。

外部評価者と参加学生の評価アンケートを実施し、学生の問題理解力や解決力、組織的行動力を把握すると共に、PBL教育方法の評価と改善を行っている。

〈データ〉

【連携地域】　東京都、埼玉県など
【PJ実施期間】　2014年度～2017年度
【参加教員】　PJ代表者：岩倉成志（土木学科）
遠藤玲ほか（土木工学科教員全員）

◇◇◇◇◇◇◇◇◇◇◇◇◇◇◇◇◇◇◇◇◇◇《教育・研究・社会貢献の特徴》◇◇◇◇◇◇◇◇◇◇◇◇◇◇◇◇◇◇◇◇◇◇◇

教育

■実課題を対象に、官公庁や企業の協力を得ながら進める実践型土木計画PBL

東京湾岸部を中心とした地域課題をテーマとしてPBLで提案を行っている。最終発表や中間段階では各官公庁や建設・不動産・インフラ事業など各分野の企業の方20名程度を招いて講評と外部評価をいただいている。

■地域住民への交通計画技術のプレゼンテーション

土木技術者は、事業に関わる中で市民と接する機会が大きく増加しており、専門知識を市民へわかりやすく説明する能力が求められている。「土木工学総合講義」では、交通需要予測と費用便益分析を対象として、わかりやすく説明するための発表会を行い、地域住民にそのわかりやすさを審査いただいている。

研究

■地域志向PBLによる学生の能力変化の継続的・多面的な分析

PBL「地域計画演習」の授業アンケートを、官公庁や企業、学生の双方に対して実施し、授業の改善策を検討した。学生の自己評価は演習実施前後で大幅に上昇し、授業への反応も好評であった。学外からは、改善点の指摘もいただいたが、学生の自己評価とも相関性が高く、学生が自らを客観的に評価できている証左と考えている。

社会貢献

■学生の視点による斬新なソリューションの発表

PBL「地域計画演習」では、官公庁や企業の担当者と議論して意義のあるテーマや進め方を設定しており、学生の提案が直接的な社会貢献となるように配慮している。また、「土木工学総合講義」では、地域の方々が実際の交通計画の手法やその課題を知ることができ、一定の社会貢献となったと考える。これら一連の取り組みを通じ、社会から希求されている、実践的技術を身につけた人材育成という点で社会貢献を行っている。

～PBLの組み合わせにより課題発見力・解決力・説明力をバランスよく育成～

《トピックス》

■地域課題の解決を交通まちづくりから提案する産学官連携PBL「地域計画演習」

東京湾岸域周辺では、南北交通、水辺整備、都市再生、駅周辺改造、広域道路計画などといった地域課題が挙げられる。PBL「地域計画演習」では、これら現実の地域課題を対象として、実際の計画検討ステップをふまえた計画提案プロセスに則ったPBLを実践することで、社会に出て即戦力となる人材育成を目指している。官公庁や建設・不動産・インフラ事業など各分野から講評・評価をいただき、提案の完成度を高めている。

■PBLによる学生の能力変化の継続的・多面的な分析

「地域計画演習」の実施前後での能力変化を見ると、学生の自己評価は、受講前と受講後では、知識獲得力・問題理解力・論理的思考力・問題解決力・創造力・組織的行動力・プレゼン力とも自己評価が大幅に上昇している（4年間を通した平均値でも安定して上昇）。一方、自治体や企業職員による外部評価結果では、問題認識力は全体的に高い評価であったが、データ分析力や問題解決力、提案力にはばらつきが見られた。

■埼玉県職員による連携講義の実施

本学では2016年5月に埼玉県と包括連携協定を締結しており、本協定に基づいて、埼玉県県土整備部・都市整備部の職員による連携講義を行っている。土木工学科では例年5科目程度で実施しており、学生にとっては、現場の知識や経験を直接に学び、技術が実社会でどう役立つのかを理解する場となっている。

PROJECT 11

「気候変動と地震災害に適応したレジリエントな地域環境システム」プロジェクト

〈概要〉

　　レジリエンスとは災害等への対応力、回復力を意味する言葉である。地域が様々な環境変化を乗り越え、成長していくためのしなやかな力を備えることが重要であり、気候変動による都市の高温化への適応や防災・減災による安全・安心な生活環境づくりといった地域課題への対策を、オリンピック・パラリンピックを控えたさいたま市、東京都墨田区などで推進した。

　　答えのない領域に踏み込み、地域の問題の構造を把握し、解決に向けて枠組みをつくるプロセスは学生の教育・研究にとって貴重な機会となる。プロジェクト推進にあたっては、地域の関係者や行政との協働により、研究成果と実際の取り組みの連携に配慮した。

〈データ〉

【連携地域】　埼玉県、東京都など

【PJ実施期間】　2015年度～2017年度

【参加教員】　ＰＪ代表者：増田幸宏（環境システム学科）

中村仁、作山康（環境システム学科）／佐藤宏亮、志村秀明、桑田仁（建築学科）／遠藤玲（土木工学科）

◇◇◇◇◇◇◇◇◇◇◇◇◇◇◇◇◇◇◇◇◇◇《教育・研究・社会貢献の特徴》◇◇◇◇◇◇◇◇◇◇◇◇◇◇◇◇◇◇◇◇◇◇◇

教育

■サービスラーニングを意識した地域志向PBLの推進

　　自治体職員、地域住民、事業者と連携したPBLを行い、その成果を地域で実践する「サービスラーニング」型の教育を指向した。地域の課題を講義やプランニング演習の教材とし、習得した学問分野を実際の地域に適用することで、関連の知識が有機的に連携し、学生が理解を深めることが可能となる。

研究

■地球規模の視野と地域視点を融合させる研究の推進

　　巨大地震や地球温暖化、都市の高温化、水関連災害などのリスクは年々深刻さを増している。被害の抑止・軽減と持続可能な復興方策を、生活者の視点に立った地域環境システムとして構築するプロセスは学術的にも先導的な取り組みであり、地球規模の視野で大局的に考えつつも、地域視点のローカルな問題から出発し、事例に裏付けされた新しい研究に取り組むことが可能となる。

社会貢献

■研究、活動成果を政策に反映するためのしくみづくり

　　気候変動や地震災害への適応策を検討する際には、地域特性に応じたリスクを丁寧に評価し、地域の関係者と課題を共有することが重要である。勉強会・イベントなどで成果を積極的に地域に還元すると共に、産学連携の研究会を組織して東京オリンピック・パラリンピックに向けた行政の取り組みと連携したり、行政のトレーニングプログラムと連携することで、課題の共有、政策への反映に取り組んでいる。

～日常のリスクにも災害時のリスクにも負けない都市をつくる～

《トピックス》

■都市の高温下に適応したまちづくりの検討

さいたま市では、都市の高温化が深刻化していく中でも、「安心して歩いて暮らせる都市づくり」を実現するための検討を進めた。プロジェクト初期では地域住民と「熱中症リスク発見ツアー」を行い課題を共有し、産官学連携による研究会を立ち上げて、まちなかの回遊性や安全性を高める「クールスポット」の実装に向けた取り組みを開始した。現在は、地域での実装に向けて地域のまちづくり組織（アーバンデザインセンター）等と連携して具体の対象地域での検討を行っている。

■拠点施設を活用したまちづくり演習と活動の実践

墨田区では、高齢化が進み、かつ災害時のリスクが高いエリアがある。地域の福祉系団体と連携した災害時の要支援者（高齢者等）の避難行動に関するアンケート調査、多職種が連携したまちづくり会議、地域の住民・企業・NPO・福祉・金融機関等に講評をいただく大学院のプランニング演習などを行っている。これらの活動は、産学官連携により設置された拠点「すみだテクノプラザ」、地域の寄合い処「ふじのきさん家」を拠点として活用している。

■復興まちづくりイメージトレーニングの普及

「復興イメトレ」は、災害からの復興に事前に備えるための手法として開発されたもので、被災者の生活再建シナリオと行政の市街地復興シナリオの整合性を考え、生活再建支援策や市街地復興の目標や進め方を考えていくトレーニングである。埼玉県久喜市、さいたま市、草加市、飯能市、ふじみ野市、深谷市などで実施した。各復興イメトレは、自治体職員、市民、本学学生など計50名程度が参加して、グループ討議方式で実施している。

PROJECT 12 「ものづくり中小・大手メーカーとのマイクロテクスチュア技術教育」プロジェクト

〈概要〉

　大田区や港区には高い技術力を持つ中小企業が存在するが、これら企業が生き残るためには、ニッチ市場の中で特有の技術を確立することが重要である。本プロジェクトでは、大学のマイクロ表面加工技術を活用し、産学連携による基盤技術の開発を推進している。

　プロジェクト実施に当たっては、精密加工分野の中小企業と連携して開発に当たると共に、複数企業によるマイクロテクスチュア研究会で多様な視点から意見交換を行った。

　大学院生と学部生がチームを組むPBL型産学連携研究として推進することで、研究と教育が融合し、かつ実社会ニーズに即応した教育・研究効果が得られた。

〈データ〉

【連携地域】　港区、大田区など
【PJ実施期間】　2015年度〜2017年度
【参加教員】　ＰＪ代表者：相澤龍彦（デザイン工学科）
　　　　　　　山澤浩、安齋正博（デザイン工学科）

◇◇◇◇◇◇◇◇◇◇◇◇◇◇◇◇◇《教育・研究・社会貢献の特徴》◇◇◇◇◇◇◇◇◇◇◇◇◇◇◇◇◇

教育	■PBL型産学連携研究 　学部4年生と修士の学生が共にチームを組んで研究に参加することで、修士学生にとっては学部生のサポートを受けて研究力の向上、学部生にとっては修士学生をメンターとしたPBL（卒論に相当する「総合プロジェクト」）となっており、切磋琢磨や知識・技能の継承効果が得られる。
研究	■特区を背景とした研究テーマの設定 　大田区では国家戦略特区として、医療機器開発に重点を置いている。本プロジェクトではマイクロ表面加工技術を活用したチタン・ステンレスシート材の創生、マイクロメス・マイクロ縫合針生産に向けた基盤技術の整備により、地域課題の解決と大学技術をマッチングさせている。 ■マイクロテクスチュア研究会によるオープンな議論 　複数企業による研究会を開催し、技術開発の成果を示し、種々の角度からの技術検討を行うことで、技術応用の多様性、開発速度の短縮化に寄与している。大学が関与することでオープン・イノベーションの場となっている。
社会貢献	■展示会における開発技術の社会還元 　本プロジェクトで開発された技術は、専門分野に係るものであることから、MF-2017（プレス・板金・フォーミング展）や諏訪メッセなどの企業展示会を通して、成果の社会還元を行っている。教員の講演、学生によるポスター展示などで企業との交流を図っている。

192　第Ⅲ部　データ

～技術開発を産学連携で推進して中小企業の技術開発・生き残り戦略に貢献～

《トピックス》

■中小企業との連携による超撥水光学ガラス成形法の開発

光学素子として利用される光学ガラス・光学プラスチックには、高い形状精度と撥水性が求められる。超撥水性を付与したモールド金型を利用した光学ガラス成形法の開発を行っており、親水性の光学ガラス表面の接触角度を2倍とする撥水面の生成に成功した。本開発は、港区企業との共同研究で行っており、ニッチ市場における占有技術開発という点で、中小企業の生き残りに寄与している。

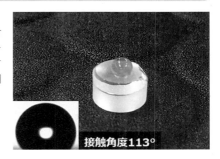

■中小企業との連携によるマイクロポンチ配列による精密プレス用金型の開発

マイクロ成形加工における技術課題の1つに、微細金型の作製がある。特に微細な孔加工・異形孔加工用のポンチ・コアダイの作製では、最新の極短パルスレーザー加工でも課題が山積している。本プロジェクトでは、プラズマプリンティングによるマイクロテクスチュア転写プレス成形用のマイクロポンチを創製し、10μm系のマイクロポンチを多数配置した精密プレス用金型の創製に成功した。港区・大田区の精密加工企業と連携している。

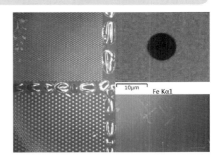

■外部資金の活用・中小企業との連携による内径基準・高強度微少ノズルの開発

これまでの鉛フリーはんだ・接着剤塗布用の微少ノズルでは、液滴径がノズル出口の外形で決まっていた。また、過酷な使用条件でノズルの変形も問題となっていた。超撥水性を付与し、高強度化することで、液滴径をノズル内径で制御でき、充分な耐久性を持つ微少ノズルを開発した。本技術は港区企業との連携による開発であり、大学COC事業と並行して戦略的基盤技術高度化事業（サポイン）を活用している。2017年度後半から市場投入が始まった。

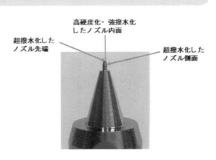

193

PROJECT 13

「東京臨海地域における安心安全の都市づくりを推進するロードマップの作成」プロジェクト

〈概要〉

　豊洲・有明・東雲・晴海などを含む東京臨海地域はオリンピックに向けてインフラの整備や急激な土地利用転換が見込まれている。また、訪日観光客や外国人居住者の増加が見込まれ、多様性に富む地域となりつつある。しかし、新しい都市づくりの一方、高密度居住に起因する災害時のLCP (Life Continuity Planning) の確保、子どもの安全な遊び場環境、高齢者が安心して外出できる環境など、新都市ゆえの課題も山積している。本プロジェクトでは、地域の防災力や災害対応能力の育成、安心して暮らすことのできる生活環境のマネジメントなど、地域と大学とが協力しながら安全安心の都市づくりを推進していく。

〈データ〉

【連携地域】　　江東区、中央区、江戸川区など
【PJ実施期間】　2015年度〜2017年度
【参加教員】　　ＰＪ代表者：佐藤宏亮（建築学科）
　　　　　　　　村上公哉、秋元孝之、清水郁郎（建築学科）

◇◇◇◇◇◇◇◇◇◇◇◇◇◇◇◇◇◇《教育・研究・社会貢献の特徴》◇◇◇◇◇◇◇◇◇◇◇◇◇◇◇◇◇◇

教育

■最先端の都市・建築計画と実務者に学ぶ
　東京臨海地域は災害対応や安心して住まい続けることのできる環境づくりなど、最先端の都市計画や建築計画が進められている地域であり、生きた学びの環境を提供してくれる。これらの地域を対象とし、さらに企業や専門家との連携を行うことで、物的環境としての建築・都市空間のみならず、災害脆弱性や社会的弱者に対する生活サポート、都市環境エネルギーマネジメントや経済活動といった多様な側面から都市を眺める視座を養うことができた。

研究

■まちづくり協議会との連携による研究推進
　東京臨海地域のような急激な土地利用転換により発生する諸課題は社会的な課題である。大学内で研究を完結するのではなく、地元企業で構成される豊洲2・3丁目地区まちづくり協議会と連携し、企業やコンサルタントのアドバイスを受けながら研究を進めたことで、研究成果がエリア防災の体制づくりに有益な資料となった。また、新たな研究テーマが企業との議論の中で生まれ、共同研究の可能性が開かれてきた。プロジェクトを通した産学連携が研究の発展に寄与している。

社会貢献

■多様な情報の一元化と見える化による研究成果の還元
　活動成果をもとに、豊洲2・3丁目まちづくり協議会と、豊洲地域の帰宅困難者支援マップの作成を進めており、産学連携の取り組みが具体的な成果へ結実しつつある。当地区にはオフィスや商業施設、マンション、大学などの施設が混在し、異なるセクターの情報共有が困難であったが、学生の研究によって情報が一元化された。今後はホームページなどを通した情報発信を検討しており、効果的な情報発信や地域内のコミュニケーションなど、大学のさらなる社会貢献が期待される。

～大学が核となって地域内の関係者や特性の異なる地域の連携を促進～

《トピックス》

■地域間や各主体の連携による災害に強い都市づくり

江東区内では北部に木造密集市街地やゼロメートル地帯などの災害脆弱地域が広がる一方、豊洲や有明など南部は地区内残留地区広域防災拠点に指定されている。これら地域を拠点とした区内全体の防災まちづくりについて検討を行った。豊洲地域内においても、住宅とオフィスが混在し、さらに大学も有する地域特性に着目し、個々の施設ごとではなく、地域全体としてのエリア防災に取り組む方法について検討を進めている。

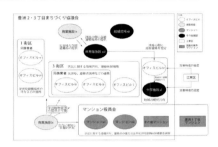

■安心して暮らせる生活環境づくりに向けた多面的な研究

急激な土地利用転換により発生する諸課題について、プロジェクト参加教員が連携して研究を進めている。地域内のオフィスビルやマンションなどの有効空地における子どもの遊び場環境の創出、急激なインフラ整備や住宅供給に応じた都市環境エネルギーの安定供給などの研究を行った。また、災害時の取り組みとして、住民と学生が連携して簡易ボートによる運河利用のシミュレーションを行った。参加者も次第に増加し、日常的なコミュニティ形成としても継続している。

■多文化共生のまちづくり

インド人居住者が集積する西葛西地区を対象として、多文化共生のまちづくりについて調査研究を行っている。学部3年次の演習授業カリキュラムを活用し、外国人支援団体やインド人会などの協力を得ながらフィールドワークやインタビュー調査を行っている。学部4年次の卒業研究では、インド人女性居住者の外出行動や買物行動、西葛西地区内におけるコミュニケーションスペースの実態などについて分析し、多文化が共生する都市空間について考察を行った。

PROJECT 14 「インバウンドビジネスを創出する グローバル・ローカリゼーション」プロジェクト

〈概要〉

日本は2020年オリンピック開催に向けて、これまで以上に外国人観光客数の増加が見込まれるが、さいたま市には有名な観光資源がないという背景から、その増加が難しいという課題があった。本プロジェクトでは、日本人学生と留学生が参加するPBL授業を通して、インバウンドビジネス創出のための課題抽出を行い、解決方法を提案した。

その結果、地域にとっては、外国人観光客をターゲットとした観光資源や観光サポートツールを獲得できるという成果があった。また、大学にとっては地域の社会課題理解と解決策提案による地域貢献や国際会議における発表などの教育・研究効果が得られた。

〈データ〉

【連携地域】 さいたま市
【PJ実施期間】 2015年度～2017年度
【参加教員】 ＰＪ代表者：村上嘉代子（工学部共通学群英語科目）
古川修（大学院理工学研究科）／山崎敦子（工学部共通学群英語科目）ほか

◇◇◇◇◇◇◇◇◇◇◇◇◇◇◇◇◇◇《教育・研究・社会貢献の特徴》◇◇◇◇◇◇◇◇◇◇◇◇◇◇◇◇◇◇

教育

■PBL授業を通して、地域課題の抽出と工学的視点での解決方法を追求
　大学院理工学研究科の授業である「システム工学特別演習」、「産学・地域連携PBL」を通して本プロジェクトに取り組み、地域の特性や文化についての理解を深め、その地域の観光産業の問題点を発見し、工学的視点で解決方法を探った。

■日本人学生と留学生が協力してグループ活動を実施し成果を達成
　外国人観光客と視点の近い留学生との混成チームにより、フィールドワークやさいたま市との協議を通して、さいたま市の観光資源のひとつである盆栽に着目し、大宮盆栽美術館や盆栽村を訪れる外国人観光客を増加させることを目的にした各種システム提案を行った。

研究

■外国人の興味やニーズ分析のため、食や観光名所に関する口コミを分析
　SNSのデータを利用し、埼玉県やさいたま市の食や観光名所に関する口コミ分析を行い、日本語と英語の口コミの比較結果を国際学会The 4th International Conference on Serviceology等で発表した。

■他プロジェクトとの連携により、コミュニティサイクルを利用した観光客増加システムも作成
　プロジェクト07「低炭素パーソナルモビリティと移動情報ネットワークサービスの開発」との連携により、さいたま市が事業を行っているコミュニティサイクルを活用した外国人観光客増加促進方法についても研究を行った。

社会貢献

■さいたま市観光国際課と定期的な議論の場を設け、地域連携の基盤を形成
　地域の観光産業における問題点や課題を明らかにするために、さいたま市観光国際課の方々と議論を重ね、授業や成果報告の場にも参加頂き、学生へのアドバイス、成果への評価を頂くことで、地域連携の基盤を形成できた。

■COC学生成果報告会、COCシンポジウム等にて、プロジェクト活動の成果を広く地域に還元
　大学で定期的に行うCOC学生成果報告会、COCシンポジウム等に多数の地域の皆様にご参加、質疑応答頂くことで、活動の成果を地域に還元することができた。

～各種システム提案により、さいたま市のインバウンドビジネス創出に貢献～

《トピックス》

■多言語対応のためピクトグラムにより表示するシステムの提案

魅力的な場所を発掘するため、ユーザーが地図を編集でき、その情報がデータベースに蓄積されるアプリの開発を行った。このシステムは多言語に対応するため、ピクトグラムにより観光資源や宿泊施設・飲食店などを地図上に表示する。外国人観光客に、さいたま市内で飲食したり買い物をしてもらうことを促進するため、次の観光目的地に到着するまでにやりたいことを反映した「寄り道」を提案する経路案内システムである。

■Photo Walkと共に、前後の空き時間を活用するシステムの提案

さいたま市内の魅力を歩いて発見してもらうための「Photo Walk」というイベントの提案と共に、イベントの前後での空き時間を有効活用した観光を促進するシステムを提案した。観光地だけでなく周辺施設での食事や買い物もサポートする「観光支援アプリケーション」は、目的地までの移動手段を容易に検索することができ、所要時間を最優先に考慮して観光や食事、買い物ができる施設を紹介し、ユーザーのニーズに合わせた独自の観光ルートを作成することができる。

■コミュニティサイクルを利用した観光客増加システムの提案（プロジェクト07と連携）

さいたま市コミュニティサイクルの休日の観光利用を活発化させるため、地図やスマホを見ずに自転車に乗りながら観光ができるシステムの開発を行った。ウェアラブル端末を用いて振動と音声で道案内をし、さらに訪れた場所や施設の評価の投稿や施設の情報をユーザーが編集できる機能もある。訪れた場所の履歴を元に、距離なども考慮しながら、次は別のジャンルを推薦するという、ユーザー向けのカスタマイズもできるシステムとなっている。

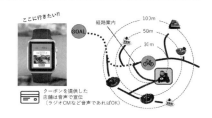

PROJECT 15

「地域コミュニティにおける生活コミュニケーション活性化技術　人に優しいヒューマン・マシン対話の実現」プロジェクト

〈概要〉

　近年、感情認識や音声認識機能を有するコミュニケーションロボットを用いた地域・一般生活環境での福祉や介護、エンタテイメントを目的としたサービスが期待されている。これまで、さいたま市に協力いただき、様々な生活場面におけるコミュニケーション技術について検討・提案・プロトタイプ実験を行ってきた。

　2017年度はこれまでの成果を軸に、さらに各対象コミュニティにおける現場サービスの要求条件、行動分析に基づく適切なヒューマンマシン対話サービスのシステム工学的観点から構築技術を確立する。

〈データ〉

【連携地域】　　さいたま市
【PJ実施期間】　2015年度〜2017年度
【参加教員】　　PJ代表者：間野一則（システム理工学部電子情報システム学科）

井上雅裕、新津善弘、松浦佐江子（電子情報システム学科）／古川修（大学院理工学研究科）／長谷川浩志（機械制御システム学科）／山崎敦子、岡田佳子（工学部共通学群）

◇◇◇◇◇◇◇◇◇◇◇◇◇◇◇◇◇◇《教育・研究・社会貢献の特徴》◇◇◇◇◇◇◇◇◇◇◇◇◇◇◇◇◇◇

教育

■PBL授業を通して、「ヒューマンマシンを用いたQoL向上の提案」を実施
　高齢化による社会保障費の増大問題がある。調査の結果、高齢者60才以上に共通したニーズとして、"楽しみたい"、"健康"というコミュニティの形成が挙げられており、その要求を満たす生活品質（QoL: Quality of Life）の向上が健康寿命の上昇に繋がると考えた。
■具体的なアプローチとして、ヒューマンマシン（Pepper）を用いてプロトタイプを構築
　応圧としては、(1) 体操のインストラクターによる"健康"向上、(2) ロボット操作による"楽しみ"エンタテインメント、(3) 遠隔操作による"コミュニティの形成"とを想定した。

研究

■人間のユーザ体感品質（QoE: Quality of Experience）の客観的評価尺度が必要
　これまで、生活コミュニケーション活性化技術として、人間とロボットとの対話を検討してきた。しかし、ロボットとの対話はまだまだ満足ではなく一層の品質向上が望まれる。
■対話ロボット総合品質客観評価フレームワークの提案
　特に、雑談や日常会話はタスク志向ではなく、非タスク志向型対話であり、その品質評価が求められる。2017年度は、対話ロボットの総合満足度を音声・言語・動作・音声と動作のズレに基づくモデルを構築した。

社会貢献

■対話ロボット総合品質客観評価フレームワークとして提案
　2016年度までのさいたま市との多分野でのコミュニケーションについての検討から、2017年度はそれらを統合したヒューマンマシン対話サービスについてシステム化の検討を実施した。
　それらを研究として対話ロボット総合品質客観評価フレームワークとして提案し、学会発表（電子情報通信学会ソサイエティ大会）を実施した。

～生活場面におけるコミュニケーション技術例と品質評価フレームワーク提案～

◇◇◇◇◇◇◇◇◇◇◇◇◇◇◇◇◇◇◇◇◇《トピックス》◇◇◇◇◇◇◇◇◇◇◇◇◇◇◇◇◇◇◇◇◇

■自閉症児のコミュニケーション促進技術の開発

地域コミュニティでのヒューマン・マシン対話サービスシステムの対象例として、自閉症障害児への応対手法を取り上げ、さいたま市総合療育センターひまわり学園の医師・職員とのヒアリングをもとに、ロボットと段階別にコミュニケーションを深める手法を提案し、評価いただいた。自閉症障害児は、一人一人違っていること、構築すべきシステムとして、単なるおもちゃではなく、療育的なシステムであることが強く期待されており、そのためのシステム構成の検討の他、サービスシステムとしての応対バリエーションの多様化、安全性の検討など、さらなる改善のご意見をいただいた。

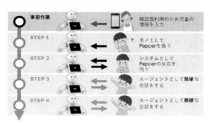

システム工学特別演習でのA3資料
(Improve QoL by using human machine)

■婚活におけるロボットによるリコメンデーションシステムの開発

近年日本では、若者の未婚率増加が課題となっている。理由の一つとして「若者の対人関係能力の低下」「異性との出会いの場の不足」がある。さいたま市では婚活イベントが催されており、さいたま商工会議所青年部にヒアリング調査を実施し、サービスシステム設計として、非言語コミュニケーション能力測定および簡易的評価プログラムの開発を行った。

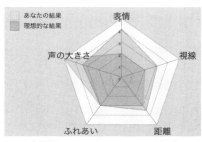

非言語コミュニケーション能力測定

■対話ロボット総合品質客観評価 フレームワークの提案

対話ロボットの総合品質客観評価フレームワークを提案した。音声・言語・動作の個別満足度および総合満足度のデータをもとに、客観評価法で推定するモデルを構築する。①各個別要素の客観評価モデルの作成、②個別モデルを用いた客観評価総合品質QoEモデルの作成、③客観評価総合品質QoEモデルにおける各個別要素式の重みを主観評価結果から得る、といった手順からなるシステムを提案した。

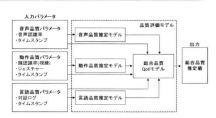

対話ロボットシステムにおけるQoE推定フレームワーク（竹川、間野：電子情報通信学会ソサイエティ大会B-11-14、pp.189、2017年9月）

PROJECT 16

「豊洲、大宮地区の車載センサを応用した交通安全対策活動」プロジェクト

〈概要〉

　近年、ACC（Adaptive Cruise Control）やLKA（Lane Keeping Aid）などの機能を搭載した自家用車が公道を走るようになり、先進運転支援システムが普及し始めている。しかし、インフラを利用した交通安全技術は開発途中で実装はされていない。そこでインフラに設置したセンサを使った交通安全システムを開発する。

　芝浦工業大学大宮キャンパス付近は狭い道路が多く、危険な場所が多い。一方、豊洲キャンパス付近では道路は広いものの、交通量が多く特に交差点での事故が多い。それぞれの場所で事故を減らすための交通安全システムを企業と連携して実現する。

〈データ〉

【連携地域】　江東区、さいたま市
【PJ実施期間】　2016年度～2017年度
【参加教員】　ＰＪ代表者：伊東敏夫（システム理工学部機械制御システム学科）
廣瀬敏也（工学部機械機能工学科）大倉典子、平川豊（工学部情報工学科）／古川修（大学院理工学研究科）／長谷川浩志、渡邊大（機械制御システム学科）

◇◇◇◇◇◇◇◇◇◇◇◇◇◇◇◇◇◇◇◇《教育・研究・社会貢献の特徴》◇◇◇◇◇◇◇◇◇◇◇◇◇◇◇◇◇◇◇◇

教育

■**先進運転支援システムの中で多用されるレーダシステムの知識と理解を深化**
　学生がレーダシステムの動作原理から応用にいたるまで、知識と理解を深めることができた。また、対象デバイスの知識だけでなく、それを必要とする社会背景や提案システムに必要な状況を調査して社会ニーズを解析できるようになった。
■**コミュニケーション能力やチームマネジメント能力も向上**
　チームメンバーと共に、協力企業との調整も行いながら調査研究活動をすることによって、学生のコミュニケーション能力やチームマネジメント能力も向上した。

研究

■**車載レーダをインフラ側のレーダに応用する視点で研究開発を推進**
　現状の社会背景を基にして、自動車それぞれに搭載するのではなく、車載レーダを交通機関などのインフラに設置して、社会全体が活用できるような交通安全システムの開発という視点で、研究開発を推進した。
■**注意喚起の手法についても独自システムを提案**
　運転席のHUD（ヘッドアップディスプレイ）上に死角に存在する物体を表示する手法や、プロジェクタを使用して路上に注意喚起の情報を投影する手法等の独自システムを提案した。

社会貢献

■**大宮地区と豊洲地区において、それぞれの地域で起こる交通事故の特徴を分析**
　大宮東警察署への聞き取りや、交通事故発生場所の実地調査により、大宮地区では見づらい交差点が多く存在しており、他車両認識の遅れが事故につながることが判明した。また、月島警察署や分析情報機関ITARDAからの豊洲地区事故統計情報等により、交差点において横断中の事故が多いことが判明した。
■**インフラから警告することで、地域の交通安全に貢献できるシステムを提案**
　大宮地区と豊洲地区の個々の状況を解析し、インフラから警告する対策システム案を検討することで、地域の交通安全に貢献できる提案を行うことができた。

200　第Ⅲ部　データ

～インフラから警告することで、地域の交通安全に貢献できるシステムを提案～

《トピックス》

■大宮地区の特徴解析による事故発生原因の特定と対策方法の提案

大宮地区には住宅地が多く、(1) 信号機がない (2) カーブミラーがある、の特徴がある見通しの悪い交差点が多いことが判明した。そしてこの交差点で事故が発生しやすい原因を (1) 道路が直線で速度が出やすく速度が出ている状態で交差点を渡ってしまう (2) 周囲を塀で囲まれており、他車両に気づくことが遅れる (3) 一時停止線が交差点直前にあり、自転車の飛び出しに対応しにくい、と考えた。

そこで、上記への対策として、運転席のHUD（ヘッドアップディスプレイ）上に死角に存在する物体を表示するシステムを提案した。これにより死角に存在する物体が透過してみえるようになり、交差点での出会い頭の追突事故を事前に防ぐことができると考えられる。

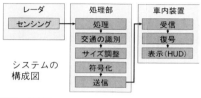

システムの構成図

ドライバー向けの注意喚起

■豊洲地区の特徴解析による事故発生原因の特定と対策方法の提案

本システムは夜間の交差点における事故防止を目的に、横断者をカメラとレーダで認識し、プロジェクタを使い横断者の視認性の向上をはかり、運転者に注意喚起を行うものである。

レーダとプロジェクタは歩行者用の上部に取り付け、横断者の認識と横断者の進行方向に矢印を投影する。これにより、夜間でも横断中の歩行者の視認性を大幅に向上する。センサの取り付け場所としてレーダとプロジェクタを歩行者用信号の上に取り付けることを考えている。

提案システムのプロジェクタとレーダによる注意喚起を行った際どのように見えるのか検証実験を行った。プロジェクタを選択した理由として注意喚起の表示が自由にできる。注意喚起の場所をプロジェクタの投影範囲であれば自由に選べることが挙げられる。

センサーの取り付け場所

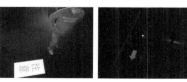

プロジェクタで実際に注意喚起

PROJECT 17

「豊洲ユニバーサルデザイン探検隊」プロジェクト

〈概要〉

　豊洲は、様々な人々が暮らし、働く場であるとともに、多くの人が訪れる街である。また、子ども、子育て世代、中・高年、障害のある人、外国からの人など、多様な人々が利用する場である。2020東京オリンピック・パラリンピック時には多くの障害者が豊洲を訪れるであろう。

　しかし、「多様な人々が生活したり訪れる街」という観点で見た時、豊洲には意外なところに多くの落とし穴がある。本プロジェクトは、学生と地域住民が共に、バリアフリーやユニバーサルデザインの観点から豊洲の街の良い点や改善点を見いだし、体験し、理解し、次代の豊洲の街づくりに役立てる試みである。

〈データ〉

【連携地域】　江東区など
【PJ実施期間】　2016年度〜2017年度
【参加教員】　ＰＪ代表者：中村広幸（工学部共通学群）

任龍在／河野純大／吉本浩二（工学部非常勤講師）/岡本明（工学部 特別招聘講師）

◇◇◇◇◇◇◇◇◇◇◇◇◇◇◇◇◇《教育・研究・社会貢献の特徴》◇◇◇◇◇◇◇◇◇◇◇◇◇◇◇◇◇

教育

■フィールドワークによる実践と事前・事後の学習の組み合わせ
　本プロジェクトの中心となる授業「福祉と技術」では全盲や上肢障害を持つ障害当事者、障害者教育の専門家、支援技術開発の専門家を講師陣に加え、車椅子や全盲の疑似体験を行っている。単なる疑似体験ではなく、問題発見・確認のための事前・事後ディスカッションを行い、学生が主体的に参加・学習するアクティブラーニングとしている。工学部ほか、多様な学科学生が受講しており、自身の工学専門分野との関連性を理解するきっかけとなっている。

研究

■情報分野の視点からの都市課題研究
　情報福祉分野（情報のユニバーサルデザイン、情報アクセシビリティ）をテーマとする卒業研究並びに修士論文研究において、高齢者・障害者のQOL向上のための情報環境整備に関する研究の一部と位置づけ、豊洲地区をフィールドとして研究を遂行した。研究成果の一部は、2017年6月に情報通信学会等で発表した。

社会貢献

■多様な世代、障害者、学生による場の共有と反映
　豊洲地区は若い世代が多く一般にこのテーマに対する関心はかなり低いが、それでも意識の高い子育て世代や高齢者の参加を得た。「探検隊」実施後には、当日以外の授業への住民の参加も得るなど、住民の関心拡大、深化に貢献している。
　本プロジェクトの成果をもとに、豊洲地区内の福祉環境や情報福祉環境に関する実状の把握と分析を行い、2020年オリンピック・パラリンピックおよびその後の街づくりに対して提言していく予定である。

202　第Ⅲ部　データ

～障害者・住民・専門家・学生が一体でまちの課題を多面的に検証～

《トピックス》

■「探検隊」形式による多様な人々の参加

「探検隊」と称することで、多様な人に呼びかけを行いやすい雰囲気をつくり、継続的にフィールドワークを行っている。2016年度は車椅子利用者の「隊長」のもと、車椅子やベビーカーの利用体験を行った。2017年度は全盲の「隊長」のもと、アイマスクの使用とガイド役に分かれて障害者と支援者の立場から体験を行った。参加者には障害を持つ学生や住民もおり、全盲と聾唖など複合的な障害によるリスクも共有できた。

■開発市街地に潜む意外なユニバーサルデザインの課題の発見

豊洲は2000年代にまちづくりが進んだ新しい街で、広い歩道や公開空地、豊かな街路樹を備える。ただし、視覚障害者にとっては歩行の手がかりが少なく点字ブロックも十分ではない、街路樹の枝が目に当たるなどの危険箇所も多い。広い歩行空間は、自転車と歩行者の分離が不明確で高齢者や視覚障害の不安要素ともなる。一般的に車椅子やベビーカーは使いやすいが、一部にバリアーも存在するといった新たな課題も発生する。絶え間ない発見と改善が必要である。

■他者を理解するためのきっかけづくり

豊洲は比較的若い世代が多いが、中高年や障害のある人、外国人など多様な人が住み、働く街でもある。今は元気でも、加齢や怪我による身体機能の低下、ベビーカーでの移動の制約など、誰もが「障害者」になる可能性もある。「みんなにやさしい街」にするためには、一人ひとりが他者を理解することが必須要件であり、本プロジェクトがその一助となることを期待している。

PROJECT 18 「学生のサポートを生かしたロコモ予防のためのシニア向け運動教室」プロジェクト

〈概要〉

　当研究室では、さいたま市と共同で近隣の高齢者を対象としたロコモティブシンドローム（ロコモ）予防の運動教室を行ってきた。しかし参加者からは、『若い学生との交流も欲しい』という要望が出ていた。一方、大学には学生のコミュニケーション不足、社会性不足の問題があり、このロコモ予防の運動教室に学生をサポーターとして参加させるプロジェクトを開始した。

　プロジェクト実施によって、高齢参加者が学生サポートを受けて熱心に運動するようになり、ロコモ予防効果が改善する効果が出た。また、大学にとっては学生のコミュニケーション不足、社会性不足が改善するという教育効果が得られた。

〈データ〉

【連携地域】　さいたま市
【PJ実施期間】　2017年度
【参加教員】　ＰＪ代表者：石﨑聡之（工学部共通学群 体育・健康科目）
浜野学（工学部共通学群体育・健康科目）／根岸輝彦（健康相談室　校医）

《教育・研究・社会貢献の特徴》

教育

■地域高齢者の場に参加することによる学生のコミュニケーション向上と社会性の向上

　地域高齢者を対象とした「ロコモティブシンドローム（ロコモ）予防のための運動教室」を行い、その運営に学生サポートをつけ、コミュニケーションスキルの向上や社会性の向上を目指した。参加学生は「高齢者の方が頑張っている姿を見て、自分たちも頑張らなきゃと思わされた」、「自分の成長につながる経験をさせて貰った」、「普段関わらない世代の方々と触れあうことができ、とても有意義な時間を過ごせた」等、活動の成果を実感している。

研究

■ロコモ予防を目的として、高齢者38人の運動教室実施による効果を測定

　さいたま市内に在住の高齢者（38名）に運動教室に参加頂いた。運動教室は週1回（月曜日9：00～10：30）行われ、6ヶ月間継続した。運動内容は、ロコモ予防の目的を果たせるよう、筋力に働きかけるプログラムはもちろんのこと、持久力・柔軟性・バランス能力など複合的に行う運動プログラム（Well-rounded exercise）とした。全25回の参加率は92.6％であった。また、運動介入期間の前後の比較を行うため、体脂肪率、体力測定、およびアンケート調査等を行った。得られたデータについては学会等で発表予定である。

社会貢献

■地域高齢者のロコモ予防の実現に向けて、場の提供と知の還元を実施

　さいたま市の高齢化率は22.61％（平成29年度）となり、65歳以上の人口が 29.1万人を超えている。高齢者の割合は今後、益々増えていくと考えられており、医療費の大幅な増加が予想される。これら支出を抑えるには健康寿命の延伸が不可欠である。その対策の1つとして運動の実践が挙げられるが、十分な活動の場がないことが課題となっていた。本プロジェクトでは、授業のない時間帯に大学の体育施設を利用したため十分な活動をすることができた。そして、その実験結果を報告会で発表し、さいたま市に大学の知を還元した。

～地域シニア向け運動教室のサポートで、学生の社会性向上を推進～

《トピックス》

■「ロコモ予防」だけでなく、複合型運動（Well-rounded exercise）の組込み

本プロジェクトの大きな目的の一つは「ロコモ予防」であるため、下肢筋への働きかけを中心に運動教室を行った。しかしながら、動脈硬化などの予防や自立した生活を維持するためには、筋力だけでなく呼吸循環機能、柔軟性も必要であり、さらに転倒予防のためのバランス能力を向上させることも重要になる。そこで、今回はこれらの機能をバランスよく向上させるため、複合型の運動（Well-rounded exercise）を取り入れた。

■運動教室サポートに参加した学生のコミュニケーションスキルや社会性の向上

サポートに参加した学生の全員が初めての経験ということもあり、最初は戸惑いもみられたが、徐々に高齢者との距離を縮め、会話ができるようになっていった。高齢者の方からも「若い人と交われると元気になる」とコメントを多々頂いた。サポート学生の感想としても成果を実感する意見が多かった。したがって、定期的にこのような場を設けることで、学生のコミュニケーションスキルや社会性を向上させることができたと結論づけられる。

■実験結果報告会でのデータのフィードバックおよび修了証の授与

プロジェクト終了後は、データのフィードバックを行うため、結果報告会を行った。個人の体力変化が分かるような個人ごとの結果表を作成し、運動教室参加前後の変化が分かるようにした。

データ説明の他、加齢に伴う問題点や体力の低下を抑えるための運動の紹介なども行った。また、運動教室に参加した全員に学長名の修了証と、研究代表者とさいたま市の連名で作成した修了証を授与した。

PROJECT 19 「デザイン工学と経営学の両輪による地域人材の育成」プロジェクト

〈概要〉

　日本国内では、労務費の安価なアジア諸国への製造シフトによるものづくり産業の空洞化が進んでおり、その対応が課題となっている。芝浦キャンパスの技術シーズであるエンジニアリング・プロダクトデザイン・工学マネジメントを活かし、ものづくり中小企業との連携により、これら課題への対応を図る。

　港区など首都圏を対象に共同研究を通じた学生の社会参加、国内の特色ある地域産業の調査・分析などを推進した。実社会と連携した研究を通じて、本学の教育方針である「実学」を推進すると共に、中小企業のものづくり革新を支援している。

〈データ〉

【連携地域】　港区など
【PJ実施期間】　2013年度〜2015年度
【参加教員】　PJ代表者：戸澤幸一（デザイン工学科）
　　　　　　　平野真（工学マネジメント研究科）／橋田規子／吉武良治／佐々木毅／澤武一／梁元碩
　　　　　　　（デザイン工学科）

◇◇◇◇◇◇◇◇◇◇◇◇◇◇◇◇◇《教育・研究・社会貢献の特徴》◇◇◇◇◇◇◇◇◇◇◇◇◇◇◇◇◇

教育

■デザイン工学部必修科目における「地域」学習機会の創出
　デザイン工学部に入学する学生は、「ものづくり」自体には興味があるものの、必ずしも地域志向が高い学生だけとは限らない。1年前期の共通必修科目「総合導入演習」において、さいたま市役所職員が講師となる特別授業を設け、地域の現状やデザイン工学に対する地域からの期待などを講義していただくことで、デザインが「使われる場」としての地域に対して意識を高めるように工夫している。

研究

■仕事に強い人材の育成をテーマに一人1テーマの共同研究
　本学の教育方針である実学を推進するため、企業との共同研究を積極的に推進している。戸澤研究室では全ての学生の卒業論文は、共同研究を通して企業の技術課題、経営課題の解決をテーマに研究内容、成果を執筆することとしている。
■伝統産業の新規ビジネスモデルの調査と教材化
　工学マネジメント研究科の研究テーマとして、伝統産業におけるIT導入をテーマとして、全国各地の特徴的な企業を対象に調査を行っている。これらの研究成果を教材化することで、地方創生に資するデータやノウハウの蓄積とする。

社会貢献

■近隣小学校における「ものづくり教室」の開催
　地域に貢献できる活動として、小学生向けに「ものづくり教室」を開催している。大学生自体も、自分の学習・研究のルーツを思い出す契機となった。小学生、父兄から好評であり、大学生のパワーを地域に還元しつつ、未来のエンジニア育成を目指している。

～地域ものづくり企業との共同研究を面的に推進～

《トピックス》

■マネキン製造工程/機能の革新

行政主催の産学連携イベントをきっかけに戸澤研究室ではマネキンの製造工程革新に関する共同研究に発展した。マネキン製造は人件費が安い中国に製造が流れていた。この製造工程を廉価型開発などで革新し、中国並みのコストで品質や納期で勝る国内製造を実現した。また本共同研究は、更に東京オリンピック向け「スポーツマネキン」（自由度があり固定性も高い関節）、人と同じような動きや感触をもつ義手の開発などに発展している。

■伝統産業におけるIT導入に関する調査研究と教材化

伝統産業においてもIT導入により経営革新を行っている企業が存在する。例えば、酒造業界においては製造工程をビッグデータ化し、一般従業員がマニュアルに従って製造を行っている。一方、IT導入によらずとも、地元とのネットワークを活用した多品種少量生産でブランド化を図っている企業も存在する。これらの比較研究を通して、知見を取得するとともに、教材化を行い蓄積・活用を図っている。

■近隣小学校などでの「ものづくり教室」開催

エンジニアリング領域戸澤研究室の学生により、身近なものづくり研究の成果の紹介やプラモデル作りなど小学生向けものづくりの指導を行っている。芝浦キャンパスを活用して地域の親子さんにものづくり教室を開催するほか、近隣の小学校への出前講座形式でも行っている。2015年から現在まで毎年3回の活動を行っている。

PROJECT 20 「(仮称)芝浦まちづくりセンター」プロジェクト

〈概要〉

　芝浦地域では高層マンションやオフィスの開発が急速に進み、住民数や通勤者数の激増が予想されている。反面、地域の活動は急激な開発によって新旧に分断されつつあるという課題がある。

　西沢研究室では、2014年初頭に当地域の調査とまちづくり提案を行った。COCをきっかけとして、倉庫建物のリノベーションによる"(仮称)芝浦まちづくりセンター"を、地域企業との連携のもと開設した。

　『調査/意見交換/問題整理/提案』を集約し、地域の企業/新旧住民/大学が同じ目線で地域のことを考えるためのプラットフォームを目指している。

〈データ〉

【連携地域】　　港区（芝浦地域：芝浦1〜4丁目・海岸3丁目・港南3丁目）
【PJ実施期間】　2015年度（2016年度まちづくりセンター開設、以降自主的に活動）
【参加教員】　　PJ代表者：西沢大良（建築学科）

◇◇◇◇◇◇◇◇◇◇◇◇◇◇◇◇◇◇《教育・研究・社会貢献の特徴》◇◇◇◇◇◇◇◇◇◇◇◇◇◇◇◇◇

教育

■まちづくりの事例や伝達手法に関する海外・国内学習
　学部2年生の授業において、イタリアやフランスのまちづくり事例を見学した。同時に各地の都市博物館において、都市模型や都市年表を用いた講義を行うことで、まちづくりの伝達手法に関しても学んだ。

■ヒューマンスケールの地域調査
　大学院修士の授業において、芝浦港南地域の調査を行っており、統計データや地域の声など、定量・定性的な地域情報の収集と分析を行っている。これらは、センターの設計・施工や運営企画の検討のベースデータとなっている。

研究

■まちづくりセンターの開設・運営とリンクした地域研究
　まちづくりセンターは、地域企業との連携により、実際に倉庫建物をリノベーションして開設される。内装リノベーションの設計、ジオラマ模型や地域研究の成果などといった展示物制作を通して、学生の基礎知識、専門能力、対話力が鍛えられる。ベースとなる地域研究については、学部生と修士学生を垂直統合した研究班として、成果の承継に配慮している。

社会貢献

■展示会を通したまちづくりセンターの展示実験
　倉庫リノベーションをテーマとして、実際に対象地域周辺で開催された展示会にて、ジオラマ都市模型や地域資料の展示、学生のリサーチ内容を発表する講演会を行った。研究室の活動を当該地域で行うとともに、まちづくりセンターにおける常設展示の試行ともなっている。

～地域研究をベースに建築設計を通したまちづくりを実践～

《トピックス》

■「MAKE ALTERNATIVE TOWN展」の開催

2015年4月に開催されたMAT展（主催：倉庫リノベーション研究会）では、研究室学生が会場構成を行い、ジオラマ模型（仮制作品）や研究成果の展示を行った。合わせて学生が会場設営も行うことで、実際のまちづくり参加のきっかけとした。芝浦地域および周辺地域は各種の開発計画、特区計画、オリンピック・パラリンピック計画があり、一般市民から開発・建築関係者まで多様な参加者層が活発な意見交換を行った。

■地域で共有できるジオラマ都市模型の制作

まちづくりセンターで展示するジオラマ都市模型は、一般市民や企業人がまちを語る共通ツールであり、これらの人が理解しやすく、興味を引かれるものとする必要がある。1/600の大縮尺かつ木製とするとともに、建物約500棟、ゆりかもめやレインボーブリッジなどの土木構造物、看板広告物などのランドマークなどを造り込むなど、通常の建築模型の域を超えた表現を行った。

■まちづくりセンターの設計提案と運営企画の実践

まちづくりセンターが開設される倉庫のリノベーション設計を修士学生の研究室活動として行った。内装設計ではあるものの、躯体の部分解体も含むものであり、構造設計、事業予算や施工方法、工期など、建築物の実施設計に準じる実務作業である。これらを、事業主である地元企業や専門業者との調整のもと行った。また、開設後の運営企画の立案も並行して行っており、地域のまちづくりに参加しながら学ぶ場としている。

PROJECT 21 「マイクロ・ナノものづくり教育 イノベーション」プロジェクト

〈概要〉

　　マイクロナノ分野は、次世代ものづくりの基幹産業と期待され、国内でも地域産業として振興に取り組む例も少なくないが、本学の立地する豊洲地区において、地域の産業と密着した大学の取り組みはない。また、機械、材料、電気、電子などの境界領域にあり、人材育成の基盤となる教育研究法も確立されていない。

　　地域連携における新たな技術シーズとして、マイクロナノ分野の教育研究法の新たな開発を行った。本学のものづくりの伝統を踏まえつつ、地域、教育研究、イノベーションの三位一体の展開を目的とした。

　　これにより、マイクロナノ領域でのものづくり教育のイノベーションへとつなげる。

〈データ〉

【連携地域】　　江東区
【PJ実施期間】　2014年度～2016年度
【参加教員】　　PJ代表者：西川宏之（電気工学科）

二井信行（機械工学科）/長澤純人、前田真吾（機械機能工学科）/石崎貴裕、下条雅幸（材料工学科）/上野和良（電子工学科）/ほか

◇◇◇◇◇◇◇◇◇◇◇◇◇◇◇◇◇《教育・研究・社会貢献の特徴》◇◇◇◇◇◇◇◇◇◇◇◇◇◇◇◇◇

教育

■企業の工場見学を通した技術と産業の関係への気づきの発掘

　　次世代の加工技術開発を行う人材育成のため、マイクロナノ技術で必要となる金型部品の加工・組立現場について、ゼミナール授業の一環として企業工場の見学を行った。見学後は、参加学生によるワークショップを行い、自身の体験と技術、産業とのつながりを連想してストーリーとして組み立てた。

研究

■マイクロナノ教育用プラットフォームの開発

　　マイクロ・ナノ部材を迅速に評価、計測可能な実装用共通プラットフォームとして、光ピックアップヘッドを利用した光学系の開発を行った。研究だけでなくPBL教材としての活用を想定している。そのため、卒論テーマとして学生自身が主体となって開発を行った。

社会貢献

■マイクロナノ研究成果の地域から世界への発信

　　本学の立地する江東区内には、日本最大のコンベンション施設である東京ビッグサイトが存在する。その地の利をいかし、「国際ナノテクノロジー総合展・技術会議」に出展した。4学科9研究室による合同展示を行い、200名程度のブース来訪者があった（2016年度）。学生からは、他の研究室との共同出展が有意義であった、学会と異なるビジネス展示会での説明はコミュニケーションスキルの向上に役立ったなどの反応が得られた。

～地域連携における新たな技術シーズとして技術教育用プラットフォームを開発～

《トピックス》

■企業の工場見学およびフォローアップ・ワークショップの開催

工場見学にあたっては、さいたま市内の連携企業の工場（福島県）を対象とした。開催後のフォローアップ・ワークショップでは、①今後の自分の研究にいかせることはあるか、②この分野の技術発展に必要なことはなにかという点からディスカッションを行った。卒論を来年に控えた3年生を対象とすることで、今後の研究と社会、産業へのつながりを意識するきっかけとなっている。

■光ピックアップによる廉価なMEMSデバイスの汎用評価プラットフォームの開発

世界的な国際標準化規格をふまえ、オープンシステムとして世界に発信することを想定して「HD-DVD用光ピックアップを用いたマイクロデバイス特性評価プラットフォーム」の構築を、機械機能工学科の卒業研究テーマとして行った。この様な成果を関係分野の教員と共有するのみならず、オープンシステムとして、学会や展示会で公開を進め、フィードバックを得ながら開発を進めていく。

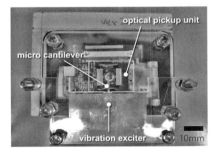

■国際ナノテクノロジー総合展への出展とフォローアップ・ワークショップ

地域から世界への情報発信、および産学連携の探索の場として、「国際ナノテクノロジー総合展・技術会議」に2015年度から継続的に出展している。出展後には、①自身のマイクロ・ナノ研究分野における産学連携や実用化の可能性、②世界に向けて自らの研究成果をいかに情報発信するかという観点からフォローアップ・ワークショップを行っている。

PROJECT 22

「中央卸売市場移転事業 豊洲サイバーエンポリウム」プロジェクト

〈概要〉

2016年11月に東京都中央卸売市場の豊洲移転が予定されていたが、食の安全性に関わる様々な情報により2018年10月に延期された。移転事業に際し、"食育"を柱とする住民参加型の街づくりの推進を目的に、築地市場・東卸組合、豊洲北小学校、豊洲商友会と連携して、幾つかのイベントを企画・立案した。

これらの取り組みが豊洲地区住民の食生活に対する意識の改革また行動の変容について、地域内の小学校児童およびその父兄に対して調査を実施するとともに、豊洲地区住民に対して食育イベントを開催した。これらの活動を通じて食育に対する意識を高めることを試みた。

〈データ〉

【連携地域】 東京都、江東区など
【PJ実施期間】 2015年度〜2016年度
【参加教員】 ＰＪ代表者：越阪部奈緒美（生命科学科）

古川修（理工学研究科）/井上雅裕、間野一則（電子情報システム学科）/長谷川浩志（機械制御システム学科）/山崎敦子（工学部共通科目群）

◇◇◇◇◇◇◇◇◇◇◇◇◇◇◇◇《教育・研究・社会貢献の特徴》◇◇◇◇◇◇◇◇◇◇◇◇◇◇◇◇

教育

■実態調査とシステム工学的な分析を組み合わせたPBL

本プロジェクトは、システム工学の演習授業を通して実施した。市場の実態や動向についての調査、住民インタビューなどから得られたデータをシステム工学手法を用いて分析を行い、豊洲地区を新たな地域資源である新市場を中心とした"食育・食文化"の街として創生するというコンセプトを抽出し、具体的な提案を行った。

研究

■フィールドワークによる現況と感銘者の意向把握

築地市場の実態および豊洲新市場の開発動向についての調査を、東京都水産物卸売業者協会や豊洲2・3丁目まちづくり協議会との意見交換、大学や地域イベントにおける住民インタビューにより実施した。本データの分析が提案の基礎となっている。また、魚油n-3系脂肪酸摂取と健康維持増進の関連性といった専門的な研究にも展開した。

社会貢献

■情報発信コンテンツの制作と地域イベントのリンク

本プロジェクトの成果の一つに、情報発信ツール「豊洲アプリ」があるが、その発信内容の制作に当たっては、東京魚卸協同組合が実施している"カウントダウン築地見学会"および"美味しい旬のお魚給食事業"といったイベントへの参加と取材を行っており、イベントの活性化と食育の重要性体験、取材などを一体で進めている。

212 第Ⅲ部 データ

～食育・食文化の観点から地域活性化を提案～

《トピックス》

■市場活性化のための提案

豊洲地区を新たな地域資源である新市場を中心とした"食育・食文化"の街として創生すべく、まず、新市場活性化のための提案を検討した。豊洲市場は閉鎖型であるため、エンターテイメント性を高めることを目的に、現在一部で行われている電子競りを、スクリーンとタブレットを用いて体験できる競り体験コーナーや、緑化計画と連動した屋上ビオトープや体験型菜園などを策定し、東京都・中央卸売市場事業部に提案した。

■東京魚市場卸協同組合によるイベントへの参加体験・取材

築地市場について様々な調査を実施したところ、それぞれの団体で"食育"に対する試みがなされていることがわかった。特に東京魚市場卸協同組合が実施している"カウントダウン築地見学会"および"美味しい旬のお魚給食事業"は小学生およびその家族を対象としており、その活動に参加し一緒に体験することで、食育の重要性を改めて見直すと共に、食育・食文化の情報発信取材の場ともなった。

■"食育・食文化"による地域創生を目的とした「豊洲アプリ」の開発

"食育・食文化"情報を地域住民に発信することで、地縁的なつながりの薄い豊洲地区のコミュニティーの和を広げ、地域の活性化を推進していくことを目的とした。具体的には、豊洲商友会の「豊洲アプリ」内に食育コンテンツを実装した。発信する情報の内容は、研究成果や取材をふまえた食育イベント情報や和食・魚・野菜の栄養情報およびレシピなどである。

213

PROJECT 23

「地域密着型の技術系中小企業による新製品開発の支援」プロジェクト

〈概要〉

　日本の企業の大多数は中小企業で、多くは請負業務や卸先への提供に従事しており、優れた技術・技能を持ちながらも、その価値を利用者へ届けることが難しい。そこで、技術経営(MOT)の知識を用いて企業の強みと弱みを分析し、新製品/サービスの開発やビジネスモデルの改良に、企業と大学が共同で取り組む。

　企業は具体的な経営課題を伝え、学生はその課題解決のためのプロジェクトを立ち上げ、マネージャーとして解決をリードする。町工場とその職人技の継承、農家とそのこだわりの食材の都市での消費などをテーマに、企業の強みを価値として最大化して利用者へ届ける方法を、企業や学生と共に実践的に検討する。

〈データ〉

【連携地域】　　墨田区、千代田区、新潟県など
【PJ実施期間】　2015年度〜2016年度
【参加教員】　　PJ代表者：平田貞代（大学院工学マネジメント研究科）
　　　　　　　　馬場良雄、稲村雄大（大学院工学マネジメント研究科）

◇◇◇◇◇◇◇◇◇◇◇◇◇◇◇◇◇◇《教育・研究・社会貢献の特徴》◇◇◇◇◇◇◇◇◇◇◇◇◇◇◇◇◇◇

教育

■現場型のPBLと国際標準手法の行き来による実践教育
　地域企業密着型の産学連携PBLを通じ、企業における技術の開発・応用の実態を、学生が具体的な事例を観察・分析することにより理解し、工学への関心を拡大する。例えば、プロジェクトマネジメントに関する国際標準PMBOK*に基づき、各マネジメントプロセスを実践することで、知識と実践を結びつける。

研究

■ビジネスエスノグラフィの中小企業活動への適用
　文化人類学の研究方法であるエスノグラフィを用いた実態調査を行い、人間の行動や心理を中心とした要因を分析する。企業の新製品・新サービスの開発、マーケティング、プロセス改善などの技術や経営の課題解決に目的を絞り、潜在的な欲求や組織的な課題の解決につながる「実態の見える化」を行い、経営者の気づきを喚起し、本質的な課題解決に導いていくものである。

社会貢献

■中小企業の技術継承や新サービス開発への貢献
　中小企業に対して経営課題の解決やビジネスモデル転換の支援の場を提供することで、中小企業が大学との継続的な産学連携を通じて活力を高めるための仕組みを構築する。

214　第Ⅲ部　データ

～中小企業の業務改善と魅力の伝達を経営工学からサポート～

《トピックス》

■技術継承のための共同デザイン

墨田区の鋳造企業を対象にエスノグラフィによる調査を実施し、技術承継や競争力強化などの課題を導出した。事象が起きる潜在的な構造を人間関係を中心として見える化し、その結果を学生がプレゼンすることにより現場の気づきを喚起し、企業と学生が共同で課題を解決していくこととなった。これらの過程を経て、職人技や申し送り事項と言った暗黙知を受注データと紐付けるシステムを設計した。

■技術を核とする新サービスの開発

千代田区のIT企業を対象に、企業が有する技術について学生と開発者が議論を行った。当該企業はマラソン用ICタグの製造販売により海外にもシェアを獲得しているが、将来の低価格化に備えた新たなサービスの構築が課題であった。これに対し、学生は教室で技術を検証するとともに、学生の発想により、その技術を活用した新サービスを考案するコンペを開催した。既存技術を基に新たなサービスを開発していくプロセスを企業と大学が共に実証することができた。

■農家とそのこだわりの食材の都市での消費

地域における自然農法では、技術・技能はあるが、手間がかかるにもかかわらず人手不足で維持が難しい、また、加工のアイデアはあるが商品化のノウハウや販路・卸先の情報がない。一方、地方・都市間の流通においては、日本各地の少量生産品を集荷し都市内の商業施設へ配分する企業があるものの、集荷や配分に大きなバラツキがある。これらのマッチングによる課題改善について、企業、農家、大学とで共同デザインを行っている。

参考データ集

（1）COC イベント

　大学COC事業では、セミナー・ワークショップ、地域主催イベントへの参加など、各プロジェクトでのイベントを行っているが、大学全体としてもCOCイベントを行っている。大学全体としてCOCイベントを行う意義としては下記のようなことが挙げられる。

・学内外に対する大学COC事業の周知
・既に活動を行っているCOCプロジェクト間の交流
・新たなプロジェクトの発掘
・地域をはじめとした関係者への知の還元
・イベントへの取り組みや来場者との交流自体が学生にとって学びの場

図1　COC全体イベント一覧

年度	日　　時	場所	名　　　　称	参加者
2013	1月25日（土）	豊洲	東京ベイエリア産学官連携シンポジウム	228名
2014	7月12日（土）	豊洲	COCプロジェクト全学交流会（学内）	50名
	9月9日（火）	豊洲	芝浦ハッケン展	250名
	1月24日（土）	豊洲	大学とまちづくり	172名
	3月17日（火）	大宮	第1回COC学生成果報告会	90名
2015	10月2日（金）	豊洲	FDSD講習会（学内）	150名
	10月10日（土）	豊洲	地域共創シンポジウム 大学とまちづくり・ものづくり2015	180名
	3月17日（木）	大宮	第2回COC学生成果報告会	101名
2016	11月2日（水）	大宮	地域共創シンポジウム 大学とまちづくり・ものづくり2016	244名
	3月16日（木）	大宮	第3回COC学生成果報告会	104名
2017	10月31日（火）	芝浦	地域共創シンポジウム 大学とまちづくり・ものづくり2017	236名
	3月19日（月）	大宮	第4回COC学生成果報告会	114名

芝浦工業大学の大学COC事業においては、プロジェクトの進捗状況に応じて、概ね3段階の展開を図った。

■ステップ1　2013年度（事業初年度）

大学COC事業の採択直後であり、既に構築していたネットワーク「東京ベイエリア産学官連携シンポジウム」を活用してCOC事業キックオフイベント「木の魅力を伝える」を開催し、学内外に事業開始をアピールした（図2）。

図2　既存の大学イベントを活用したCOC事業キックオフイベント

■ステップ2　2014年度（事業2年目）

まず、主に学内教職員を対象とした「COCプロジェクト全学交流会」を開催し、プロジェクト関係者の交流促進や学内への周知を図った。また、対外的には、前期は定常的に行っていた産学連携イベント「芝浦ハッケン展」を活用して情報発信を行い、後期はまちづくり系4プロジェクトの合同シンポジウム「大学とまちづくり」を開催し、プロジェクト連携による情報発信を試行した（図3）。

さらに、年度末には学生を主体とした「COC学生成果報告会」を始動した。60～120秒の短時間でプレゼンテーション（通称、ショットガンプレゼン）を行い、来場者に興味を抱かせてポスターセッションに移動してもらう難易度の高い発表となっている。また、大宮キャンパスで継続してきた「産学官連携研究交流会」と同時開催として、イベントの幅や集客の相乗効果を図った（図4）。

図3（左）　4プロジェクト合同によるシンポジウム「大学とまちづくり」
図4（右）　「COC学生成果報告会」での学生によるショットガンプレゼン

■ **ステップ3　2015年度～2017年度（事業3年目～最終年度）**

　全COCプロジェクトの参加による「地域共創シンポジウム～大学とまちづくり・ものづくり」を定常的なイベントとして始動した。各連携自治体の首長による講演、自治体職員や地域関係者の登壇など、地域との協働で実施することで、各地域関係者との連携を密にすることができた。また、2015年度は豊洲、2016年度は大宮、2017年度は芝浦の各キャンパスで開催することで、地域間での知の交流も促進された（図5、図6）。

　「COC学生成果報告会」も進行方法を改善しながら継続的に実施している。学生がプレイヤーとして参加することで、学生の成長に資する場となっている。「いいね！シール」によるアワード授与も学生のモチベーション向上や就職活動の話題などとして役立っている（図7、図8）。

　なお、「地域共創シンポジウム」は各プロジェクト代表者が主導して取り組みの全体像を伝え、「COC学生成果報告会」は学生が徹底して前面に出て生の学生の声を届け来場者から直接意見をいただくものとして、特徴づけている。

図5　「地域共創シンポジウム」フライヤー

図6　地域関係者、教員、学生によるパネルディスカッション

図7　「COC学生成果報告会」での学生によるポスターセッション

図8　「いいね！シール」によるアワード授与

（2）地域の声

①大学COC事業で連携した各団体・企業の皆さま

渡辺様/豊洲地区運河ルネサンス協議会会長	中島様/芝浦海岸町会商店会連絡協議会会長
人口増加や市場移転など大きな変化の中にある豊洲のまちにとって、運河ルネサンス協議会や水彩まつりなど、新旧住民や商店街、大学などが一体となった活動は、水辺を活かしたコミュニティづくりに役立っています。学生の皆さんにとっても机上では得られない学びの場ですので、益々の連携を期待しています。	芝浦工業大学と地域の係わりは数年前から始まりましたが、大学と地域の係わり方や密度については、まだ万全とは言い難い状況にあると思われます。大学側のより積極的な地域行事への参加を望むと共に、まちづくりや防災に関わるコミュニケーション（ハードとソフトの融合）の必要性を感じます。
中島様/栄精機製作所	福田様/さいたま市産業創造財団
学生の斬新なアイディアと、弊社のものづくり技術力のコラボによるオリジナル製品開発を目標に、連携を始めてから5年になります。その間、学生の新鮮な感性に目を見張り、教授陣のＤＲでの厳しい指摘を受けながら、半年後には大いなる変貌を遂げた完成度の高さに脅かされ続けました。今後も期待しています。	地域若手農家のICT活用による生産性向上に、目覚ましい効果がありました。現場で採用された提案も多く、ICT活用の進んだ農家グループとしてメディアの取材を受けるほど、農家の意識も変わりました。今後も是非、こういった事業を続けて欲しいと思います。

②COCプロジェクト参加学生

下山未来/2017年度修士課程修了	田口真也/2017年度修士課程修了
私たちが研究しているロボットを地域の方々に見ていただくことで，実際のロボットの機能と地域の人々の理想との差を学び、研究に活かすことができました。また、私たちにとっては小さく、簡単な機能でも、役に立つ、驚く、楽しいといった意見を聞くことができ、ロボット研究の価値を感じることができました。	芝浦アーバンデザイン・スクールの様々なプロジェクトを通して、本学に関係のある地域の課題や将来像を改めて知り、学びました。それらのプロジェクトでは地域の人と触れ合い、関係者や地域住民の方に発表・意見交換を行ってきました。この経験から人前での発表・意見交換が滞りなくこなせるようになりました。
福本泰章/2015年度修士課程修了	三城摩周/2017年度修士課程修了
学生のうちから企業人の考え方に触れることができたことは、とても良い経験となりました。また、地域の課題について、産学官連携チームで解決に向け取り組んだことで、就活において他者と違ったアピールをすることができました。さらに、自分が将来どのような職業に就きたいかも明確化することができて良かったです。	私はプロジェクト参加を通じて、大学内の授業だけでは決して経験することができなかった農業現場の現状を学ぶことができました。またプロジェクト内容はそのまま修士研究として実社会に貢献できる研究を行うことができました。就職活動においてもプロジェクトの成果が内定獲得の役に立ったと強く思っています。

③シンポジウムアンケート参加者の声

「地域共創シンポジウム　〜大学とまちづくり・ものづくり〜」参加者アンケートより大学COC事業に関する意見を抜粋した（2015年度〜2017年度統合）。

既存の取り組み（A）については概ね好評であるが、多様な地域連携のあり方をどうわかりやすく伝えていくかが課題である。今後の進め方（B）については、大学だけでなく、地域側や相互の取り組みについても言及されており、大学を含む地域全体の意識が高まっていると推測される。

（A）大学COC事業の取り組み

分類1	分類2	要　　旨
(1)全般	COCへの理解	・技術が人に貢献し、社会を変える原動力となる。 ・教員の誠実な人柄、教育への情熱を感じた。 ・産学連携の重要性が理解できた。 ・よい活動である。期待する。おもしろかった、参考になった。 ・開催場所が毎年変わることで、各場所の特徴がよくわかった。
	COCへの理解 （不足）	・学生が地域連携を通じてどう成長したかよくわからなかった。 ・地域にとっての具体的なメリットがわからなかった。 ・目的が明確でなく、全体的過ぎるように思えた。
(2)地域との 連携	全般	・「かけ算の連携」の発想がよい。 ・大学が地域連携を重視する視点がよい。 ・充実した地域連携活動が行われていることを知った。 ・地域連携活動の全体像や具体的な内容を知ることができた。
	連携の意義	・学生時の地域連携活動は研究や教育の充実につながる。 ・学生時の地域連携活動は社会人生活にも役立つ。 ・地域に役立つ活動が大事だと思う。
	連携の方策	・PDCAサイクルがしっかり取り組まれている。 ・情報の受け手の興味・関心の喚起、行政からのPRなども大事。 ・地域連携を研究の実現につなげるシステムができている。
(3)プロジェクト の多様性		・多様な取り組みがあっておもしろい。 ・多方面の活動にバランスよく展開している。 ・プロジェクト数が増えていることが興味深い。
(4)「ひとづくり」 の効果		・実学として、学生に経験を積ませる取り組みは重要。 ・学生の教育に効果が期待できる。 ・学生の教育にも地域の活性化にもよい効果が期待できる。
(5)まちづくりとも のづくりの連携		・まちづくりとものづくりの連携の視点がよい。 ・まちづくりとものづくりの連携がまだ薄い。
(6)連携の展開		・研究室単位のプロジェクト（に思われる）ことが残念。 ・より多様な専門の学生と連携するとよい（ITアプリ、経済学など）
(7)活動の評価・ 教育への反映		・ＰＢＬがきちんと成果を出している。 ・連携活動の評価基準開発も、プロジェクトの重要なテーマ。

（B）今後の大学COC事業の進め方

分類1	分類2	要　旨
(1)全般		・取り組みの推進を期待する。
(2)大学側の取り組み	現場の重視	・もっと地域と連携するとよい。 ・実問題、フィールドワークを大事にするべき。 ・地域の行事で学生と対話できることがよい。 ・行政だけでなく住民のニーズ把握も重要（マーケットインの考え方） ・学生が事業の現場に足を運ぶことは有意義である。
	学生の地域への参加	・学生には広い視野が大事なので活動を限定しない方がよい。 ・学生は期限があるが、活動は継続性が重要。教員がフォローしてほしい。
	持続的な活動展開	・課題の共有やプロジェクト立ち上げ段階からの周知が「ひとづくり」につながる。 ・卒業して終わりではなく、最後までしっかり係わることが重要。 ・単発に留まらず、長期的な視点に立った社会貢献を期待する。
	連携の展開	・他大学、地方との連携も大事。 ・より幅広い分野、人材の連携を期待する。
	情報発信	・地域連携活動の認知に向けて、大学からの継続的な情報発信が大事。 ・地域連携、産学連携の成果をもっと情報発信するべき。
(3)地域側の取り組み	行政の取り組み	・行政だけで解決困難な地域課題に対する高度な知見の活用として大学との協働を期待する。 ・自治体が大学を引っ張り込む工夫をするとよい。 ・自治体側の事業も地域連携に合わせてブラッシュアップする必要がある。 ・地域課題の解決に向けて連携・交流していきたい。
	民間の取り組み	・大学との連携を検討したいと思った。
(4)相互の取り組み	学生の巻き込み	・実際に学生が地域に暮らすための工夫を検討してほしい（ホームステイなど）
	住民の巻き込み	・住民の活動を含めたプロジェクト活動が必要ではないか。
	連携の継続・発展	・顔が見える関係の構築が大学と地域の信頼関係、連携強化につながる。 ・学生の活動を社会貢献につなげるため、行政や協議会との協働に意識を高めることが必要。 ・大学からの情報発信と合わせて、地域に届くための工夫が必要。 ・大学と企業が、より積極的に問題や活動を共有することが大切。 ・大学と地域、双方向からの情報発信、情報交換が重要。 ・大学・自治体・地域住民で目的や立場も異なる、互いに上手に活用するスタンスでよい。

（3）アンケートに見る学生の成長

　全学生（1年次を除く）を対象として、文部科学省統一指標および芝浦工業大学の独自指標によるアンケートを実施し、学生の成長度合いを継続的に測定している。

■文科省統一指標アンケート（全学生対象）

　大学COC事業の全学的な普及度合いや効果を計測することを目的としている。年度初めの学生ガイダンス時にコーディネーターが事業概要を説明し、学生が回答する形式としており、大学COC事業の普及の場にもなっている。

　2013年度の事業当初から2016年度末時点において、大学COC事業の認知度は24.5%から32.9%に、地域志向科目の履修率は12.9%から79.7%に（うち複数科目の履修率は4.8%から51.8%に）向上した（図9）。

【アンケート設問】
1. あなたの出身（出生地）について、当てはまるもの1つを選んでください。
2. 本学が「地域のための大学」として地域連携の取り組みを推進していることを知っていますか。[1]
3. 本学が「地域のための大学」として実施する授業科目等を今までに何科目受講しましたか。[2]
4. 上記科目を受講した結果、課題を含めた地域の現状を把握するとともに、地域の課題解決に役立つ知識・理解・能力は深まりましたか。
5. 上記科目の受講が、大学のある地域（東京都や埼玉県）の企業や自治体等に就職しようとするきっかけになりましたか。
6. その知識・理解・能力を今後どのように活かしていきたいですか。（複数回答可）

※1：COC事業の認知度、※2：地域志向科目の履修率としてカウント

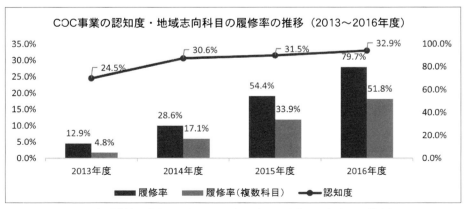

図9　文科省統一指標アンケートの結果（COC事業の認知度・履修率）

■独自指標アンケート（COC参加学生対象）

　COCプロジェクトに参加した学生に対して、自身の成長度合いを評価することを目的としている。

　各項目とも70～75％が「よくできている」と評価されており、地域志向科目やプロジェクト活動が自身の成長に寄与していると学生が実感している（図10）。なお、年度に応じて結果も向上している。また、各項目の相関係数は0.4～0.6台で、これらの能力は相互に連関している。

　特に、課題解決能力と知識習得、課題解決能力とコミュニケーション能力の相関が高く、学内での教育や研究と現場で直面する課題や対人関係が相互に関連し、実践的な能力開発につながっていると思われる（図11）。

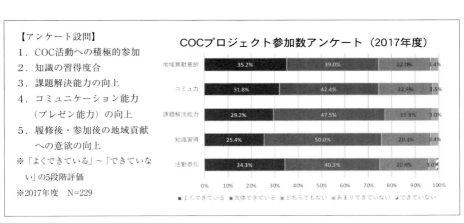

図10　独自指標アンケート（2017年度末）の集計結果

	活動参加	知識習得	課題解決能力	コミュ力	地域貢献意欲
活動参加	1.00				
知識習得	0.54	1.00			
課題解決能力	0.52	0.65	1.00		
コミュ力	0.44	0.55	0.63	1.00	
地域貢献意欲	0.51	0.47	0.47	0.43	1.00

図11　独自指標アンケート（2017年度末）各項目の相関係数

（4）地域との連携体制強化

■大学COC事業開始前から協定を締結していた自治体

　大学COC事業開始を契機に組織的な打合せが定期的に行われ、連携活動が学内に広がった。江東区では経済課が窓口となったことで、まちづくりを中心とした従来からの地域連携に加えてものづくり系の活動が拡大、港区では協働推進課が窓口となる連絡協議会に定期的に参加することで区民や行政各部署との連携が拡大した。

■大学COC事業開始を契機に協定を締結した自治体

　さいたま市とはさいたま市発のイノベーション創出を目指して協定を締結し、人材育成や研究への支援・連携が強化した。埼玉県とも協定を締結し、自治体での位置づけ向上と、さいたま市と築きあげてきた手法を県内全域の連携活動に応用する事により、質・量共にレベルの高い地域活動を展開できるようになった。

　いずれの事例も、具体の活動と協定による位置づけが相乗効果を発揮しており、第2章で述べたような、教育・研究・社会活動の成果につながっている。

図12　連携自治体との協定一覧

連携自治体	時　期	協　定　名　称
江東区	2007年11月	江東区と学校法人芝浦工業大学との連携に関する包括協定書
港区	2009年10月	学校法人芝浦工業大学と港区との連携協力に関する基本協定書
さいたま市	2015年4月	さいたま市と芝浦工業大学とのイノベーションに関する連携協定書
埼玉県	2016年5月	埼玉県と芝浦工業大学との相互協力・連携に関する協定書

図13　さいたま市との協定締結
　　　左：さいたま市清水市長、右：村上学長

図14　埼玉県との協定締結
　　　右：埼玉県上田県知事、左：村上学長

（5）「地（知）の拠点大学による地方創生推進事業（COC+）

大学COC事業で培った地域連携の方法論を地方創生にも展開していく試みとして、2015年度より、宇都宮大学と連携して「地（知）の拠点大学による地方創生推進事業（COC+）」の参加校となっている。

■宇都宮大学COC+「輝くとちぎをリードする人材育成地元定着推進事業」

大学・高専、栃木県、地元企業・団体と連携し、「ものづくり県とちぎ」「フードバレーとちぎ」の特徴に焦点をあてた人材育成、人材の定着、産業の活性化を推進することにより、若者層の地元就職者数の増加を図り人口構造の若返りによる地域創生を進めている（図15）。

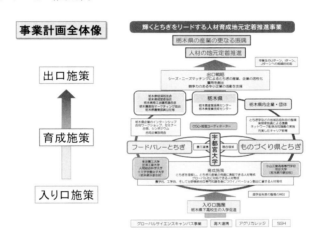

図15　宇都宮大学COC+事業計画全体像

■芝浦工業大学による連携の取り組み

栃木県出身学生へのアンケートより、UIJターン支援には低学年段階からの就職情報の提供、地元優良企業とふれあう機会の増加が効果的と判明した。

そこで、宇都宮大学が主催する企業技術交流会に参加し、県内企業と学生の交流の場を創出した。また、栃木県観光交流課より外国人観光客に関する課題をいただき、11カ国78人が学ぶ国際産学地域連携PBLで、日光・那須地区での体験学習を行い、観光促進ビデオを作成してグローバル視点から地域の魅力を提案した。

今後は、OB会や大学就職担当部署とも協力し、大学OBが役員を務める県内企業を見学対象に加えるなど、学生にとって魅力的な企業交流の場を増やしたい。

参考文献・引用文献 一覧

([1]、[2] と数字を付しているものは、本文中該当箇所に上付数字で番号記載)

第１章

小林英嗣・他「地域と大学の共創まちづくり」学芸出版社、2008年

志村秀明「大学におけるまちづくり地域貢献教育 ―米国の総合大学を事例として―」日本建築学会技術報告集、第17巻第35号、pp.349-354、2011年

佐藤滋・他「まちづくり教書」鹿島出版会、2017年

第２章

[1]芝浦工業大学ホームページ

https://www.shibaura-it.ac.jp/educational_foundation/summary/principle_and_founder.html

[2]古川修・他「産学・地域連携 PBLによる実学教育の試み」工学教育(J. of JSEE)、第64巻第3号、2016年

第３章

日本建築学会編「まちづくりの方法」丸善出版、2012年

細田渉・他「まちづくり協議会が主体となる「船カフェ」の実践」日本建築学会技術報告集、第19巻第41号、pp.303-308、2013年

赤沼大暉・他「水辺公共空間の活用を促進するための運営に関する研究 ―東京都隅田川流域と湾岸地域における実態を対象として―」日本都市計画学会都市計画論文集、Vol.53、No.1、pp.27-38、2018年

[1]一般社団法人 大宮駅東口協議会 （OEC）http://www.oec.or.jp/（HP参照日：2018年8月13日）

第４章

志村秀明『東京湾岸地域づくり学』鹿島出版会、2018年

三菱総合研究所『団地における介護予防モデルに関する調査研究事業：先進地に学ぶ団地を元気にするガイドブック～団地における介護予防の取り組みを推進するための手引き～』、表紙、p.6、p.20、2017年

第５章

前田英寿・遠藤新・野原卓・阿部大輔・黒瀬武史『アーバンデザインセンター開かれたまちづくりの場』理工図書、2012年

前田英寿・遠藤新・野原卓・阿部大輔・黒瀬武史『アーバンデザイン講座』彰国

社、2018年

前田英寿・篠崎道彦・桑田仁・谷口大造「建築都市計画PBLにおける国際交流と地域連携の連動を通した教育・研究・社会貢献の融合」工学教育、第65巻第1号、pp.75-78、2017年

第6章

[1]安藤慶昭，初心者のためのRTミドルウェア入門：OpenRTM-aist-1.0 とその使い方、日本ロボット学会誌、Vol28、No.5、pp.550-555、2010年

[2]ロボットサービスイニシアチブ　http://robotservices.org/（HP参照日：2018年12月8日）

[3]ロボット革命イニシアティブ 協議会　https://www.jmfrri.gr.jp/index.html （HP参照日：2018年12月8日）

[4]松日楽信人・池田貴政・下山未来・成田雅彦・山口亨・下川原英理『キーノート：多種多様なロボットからなるコミュニティサービスロボット」第18回計測自動制御学会システムインテグレーション部門講演会（SI2017）、1D6-02、2017年

第8章

[1]D. Mann, Hands-On Systematic Innovation, CREAX Press, 2002

[2]中小企業基盤整備機構「ものづくりベンチャーと中小製造業の連携に関する調査研究」Vol.8、No.1、2018年

第9章

[1]スタンフォード大学ハッソ・プラットナー・デザイン研究所、編集：一般社団法人デザイン思考研究所、訳者：柏野尊徳・中村珠希『スタンフォード・デザイン・ガイドデザイン思考５つのステップ』、2012年9月30日 ver1.00 発行

第10章

[1]川原晋・佐藤滋「商店街組織のまちづくりマネジメント力を育むまちづくり協定策定プロセスの開発—協定策定と並行した実験的企画の実施によって生まれる「気づき」の効果—」、日本建築学会計画系論文集、第616号、p.ll3、2007年

[2]山崎繭加『ハーバードはなぜ日本の東北で学ぶのか—世界トップのビジネススクールが伝えたいビジネスの本質』ダイヤモンド社、2016年

おわりに

　芝浦工業大学の「地（知）の拠点整備事業（大学COC事業）」は、2017年度をもって5年間の助成期間が満了となった。当初の目標を超える成果を実現したものと自負している。その後も地域連携活動を継続的に展開しているが、大学COC事業の終了を契機に、これまでの成果を汎用性のある内容としてまとめ、それを公表することで大学と地域の連携を志向している様々な立場の方々に役立てていただきたい。それが、本書を公刊するに至った直接の動機である。

　編集の方針を議論した末、いわゆる事業報告書のような本ではなく、読み物としても面白く、他の大学や地域でも適用可能な汎用性のある内容、メソッド（方法）を把握しやすい本にしたいという目標を定めた。大学COC事業として実施したプロジェクトのすべてを一律に紹介すると紙面が不足して、通常の報告書のスタイルになってしまう。そのため、一部のプロジェクトのみを選んで、最終成果だけでなく成果に至るプロセスを含めてできるだけ詳細に記述しよう、という方針を決めた。それが本書の第Ⅱ部「プロジェクト」の第3章から第9章につながっている。また、第Ⅱ部で紹介できなかった他のプロジェクトについては、第Ⅲ部「データ」で概要を紹介するスタイルとした。

　本書をまとめる過程において、芝浦工業大学の多様な教員による多様な地域連携活動をあらためて共有するとともに、本学が特徴的に用いているメソッド（手法）を事後的に整理することができた。そのメソッドを本書では「芝浦メソッド」と呼んでいる。第2章で述べているとおり、「芝浦メソッド」は、「地域現場主義」、「まちづくり・ものづくり連携」、「見える化」、「システム思考・デザイン思考」、「グローバルとローカル」、「ボトムアップ体制」の6つの柱に整理できる。さらに、それらのメソッドを具現化する手法として、「地域連携のインフラ」、「プロジェクト・ベースト・ラーニング」、「知と地のネットワーク」の3つの領域があり、それぞれの領域においてさらに詳細なメソッドを展開している。

　本書が対象としている読者は、非常に幅広い。大学などの教育・研究機関に関わる教職員、学生、研究者の方々、企業、事業者などの産業分野に関わる方々、行政、公的機関などの公共分野に関わる方々、そして、地

域活動に関わっている、あるいは関心を抱いている市民の方々などである。本書を通じて、それぞれの立場に応じて「芝浦メソッド」から何らかのヒントを得て、産学官民連携による「地域共創」の実践にいかしていただければ幸いである。

　本書は、これまで芝浦工業大学と連携させていただいた数多くの組織および個人の方々のご尽力の賜物である。紙面の都合上、個別にお名前を記載することができないことをお詫びするとともに、本学との連携に関わり、連携を支えてくださった皆様に深く感謝の意を表したい。

　さらに、この場を借りて、本書の出版に協力いただいた学内の教職員、学生の皆様に謝意を述べたい。また、本書の趣旨に賛同し出版を実現していただいた三樹書房の小林謙一氏、編集を担当いただいた中島匡子氏にお礼を申し上げたい。

　2019年 2 月吉日

　　　　　　　　　　　　　　芝浦工業大学　地域共創センター
　　　　　　　　　　　　　　編集担当者

　　　　　　　　　　　　　　　　　　　中村　　仁
　　　　　　　　　　　　　　　　　　　志村　秀明
　　　　　　　　　　　　　　　　　　　前田　英寿
　　　　　　　　　　　　　　　　　　　古川　　修
　　　　　　　　　　　　　　　　　　　平井　一歩
　　　　　　　　　　　　　　　　　　　杉野　博之

執筆者、プロジェクト代表者紹介 （所属と役職は各プロジェクト担当時のもの）

執筆者 （執筆順）〔＊〕は編集担当者

▪ 前田　英寿〔＊〕
地域共創センター部門長（芝浦，　～2017年度）
建築学部建築学科・デザイン工学部デザイン工学科教授　　　　1.1、1.4、5.1～5.7

▪ 志村　秀明〔＊〕
地域共創センター部門長（豊洲）／建築学部建築学科教授　　1.2、3.1～3.2、3.4、4.2

▪ 戸澤　幸一
デザイン工学部デザイン工学科教授　　　　　　　　　　　1.3、7.1～7.3、7.5

▪ 古川　修〔＊〕
COC事業推進責任者／大学院理工学研究科特任教授　　　　　　　2.1～2.7

▪ 増田　幸宏
システム理工学部環境システム学科准教授　　　　　　　　　　　　3.3

▪ 作山　康
システム理工学部環境システム学科教授　　　　　　　　　　　　　4.3

▪ 中村　仁〔＊〕
地域共創センター部門長（大宮）
システム理工学部環境システム学科教授　　　　　　　　　4.1、4.4、4.5

▪ 松日楽信人
工学部機械機能工学科教授　　　　　　　　　　　　　　　　6.1～6.5

▪ 平田　貞代
大学院工学マネジメント研究科准教授　　　　　　　　　　　　　7.4

▪ 長谷川浩志
システム理工学部機械制御システム学科教授　　　　　　　8.1～8.4、8.7

▪ 山崎　敦子
工学部共通学群英語科目教授　　　　　　　　　　　　　　　　　8.5

▪ 村上嘉代子
工学部共通学群英語科目准教授　　　　　　　　　　　　　　　　8.6

▪ 橋田　規子
デザイン工学部デザイン工学科教授　　　　　　　　　　　　9.1～9.6

- 平井　一歩〔＊〕
  研究推進室研究企画課産学官連携・COCコーディネーター（〜2017年度）
  　　　　　　　　　　　　10.1〜10.3、プロジェクト一覧、参考データ集
- 杉野　博之〔＊〕
  研究推進室研究企画課産学官連携・COCコーディネーター
  　　　　　　　　　　　　10.1〜10.3、プロジェクト一覧、参考データ集

プロジェクト代表者

PJ01.　松日楽信人　工学部機械機能工学科教授
PJ02.　南　　一誠　建築学部建築学科教授
PJ03.　志村　秀明　建築学部建築学科教授
PJ04.　橋田　規子　デザイン工学部デザイン工学科教授
PJ05.　前田　英寿　建築学部建築学科・デザイン工学部デザイン工学科教授
PJ06.　中村　　仁　システム理工学部環境システム学科教授〈代表期間：2013〜2014年度〉
　　　　作山　　康　システム理工学部環境システム学科教授〈代表期間：2015〜2017年度〉
PJ07.　古川　　修　大学院理工学研究科特任教授
PJ08.　山崎　敦子　工学部共通学群英語科目教授
PJ09.　長谷川浩志　システム理工学部機械制御システム学科教授
PJ10.　岩倉　成志　工学部土木工学科教授
PJ11.　増田　幸宏　システム理工学部環境システム学科准教授
PJ12.　相澤　龍彦　デザイン工学部デザイン工学科教授
PJ13.　佐藤　宏亮　建築学部建築学科准教授
PJ14.　村上嘉代子　工学部共通学群英語科目准教授
PJ15.　間野　一則　システム理工学部電子情報システム学科教授
PJ16.　伊東　敏夫　システム理工学部機械制御システム学科教授
PJ17.　中村　広幸　工学部共通学群人文社会科目教授
PJ18.　石﨑　聡之　工学部共通学群体育・健康科目准教授
PJ19.　戸澤　幸一　デザイン工学部デザイン工学科教授〈実施期間：2013〜2015年度〉
PJ20.　西沢　大良　建築学部建築学科教授〈実施期間：2015年度〉
PJ21.　西川　宏之　工学部電気工学科教授〈実施期間：2014〜2016年度〉
PJ22.　越阪部奈緒美　システム理工学部生命科学科教授〈実施期間：2015〜2016年度〉
PJ23.　平田　貞代　大学院工学マネジメント研究科准教授〈実施期間：2015〜2016年度〉

大学とまちづくり・ものづくり

産学官民連携による地域共創

編・著	芝浦工業大学 地域共創センター
発行者	小 林 謙 一
発行所	三 樹 書 房

URL http://www.mikipress.com
〒101-0051
東京都千代田区神田神保町1-30
TEL 03 (3295) 5398
FAX 03 (3291) 4418

組　版	近野裕一
印刷・製本	モリモト印刷株式会社

©芝浦工業大学 地域共創センター/三樹書房　2019　Printed in Japan

※ 本書の内容の一部、または全部、あるいは写真などを無断で複写・複製（コピー）すること
は、法律で認められた場合を除き、著作者及び出版社の権利の侵害になります。個人使用以外
の商業印刷、映像などに使用する場合はあらかじめ小社の版権管理部に許諾を求めて下さい。

落丁・乱丁本は、お取り替え致します